虚拟现实

理论、技术、开发与应用

吕云 王海泉 孙伟◎编著

INTRODUCTION OF VIRTUAL REALITY

THEORY, TECHNOLOGY, DEVELOPMENT
AND APPLICATION

清华大学出版社

北京

内 容 简 介

本书全面系统地讲解了虚拟现实基础理论、核心技术、开发流程以及实际应用。全书分为 8 章，主要内容包括：虚拟现实发展过程，虚物实化技术，实物虚化技术，增强现实、混合现实相关技术，移动 VR、VR 一体机及基于主机的 VR，虚拟现实平台，虚拟现实内容设计，虚拟现实内容制作方式，交互功能开发，虚拟现实开发引擎，虚拟现实内容开发案例，以及虚拟现实在游戏、影视、社交、教育、电子商务、旅游和医疗等领域和行业的应用案例。

本书适合作为普通高等院校与职业院校虚拟现实、动漫设计、游戏设计与多媒体技术等专业的教材，也可作为相关行业设计与研发人员的参考用书。

图书在版编目 (CIP) 数据

虚拟现实：理论、技术、开发与应用 / 吕云，王海泉，孙伟编著. —北京：清华大学出版社，2019
（2025.1重印）

ISBN 978-7-302-52274-4

Ⅰ . ①虚… Ⅱ . ①吕… ②王… ③孙… Ⅲ . ①虚拟现实 Ⅳ . ① TP391.98

中国版本图书馆 CIP 数据核字（2019）第 024553 号

责任编辑：盛东亮
封面设计：李召霞
责任校对：梁　毅
责任印制：沈　露

出版发行：清华大学出版社
　　　　　网　　　址：https://www.tup.com.cn，https://www.wqxuetang.com
　　　　　地　　　址：北京清华大学学研大厦 A 座　　　　邮　　编：100084
　　　　　社 总 机：010-83470000　　　　　　　　　　邮　　购：010-62786544
　　　　　投稿与读者服务：010-62776969，c-service@tup.tsinghua.edu.cn
　　　　　质 量 反 馈：010-62772015，zhiliang@tup.tsinghua.edu.cn

印 装 者：大厂回族自治县彩虹印刷有限公司
经　　销：全国新华书店
开　　本：186mm×240mm　　　　印　张：16　　　　字　　数：399 千字
版　　次：2019 年 4 月第 1 版　　　印　次：2025 年 1 月第 11 次印刷
定　　价：59.00 元

产品编号：082009-01

虚拟现实系列科技图书专家委员会

序

对于名为《头号玩家》的好莱坞电影，相信很多读者都已经看过了。在这部电影中，虚拟现实技术大放异彩，引发了社会对虚拟现实的进一步关注和讨论。《头号玩家》的大热，让我们想起了1999—2003年上映的《黑客帝国》系列影片。《黑客帝国》系列也是讲述一个和"虚拟现实"有关的故事，影片中所有人都生活在虚拟的世界中而不自知。一直以来，"构建一个与真实世界如出一辙的虚拟世界"这种富有浪漫主义色彩的想法常常出现在各种科幻作品中，众多艺术家用各自精湛的技巧与丰富的想象力展现着"虚拟现实"的魅力。

然而现在，"虚拟现实"已真正出现在我们的生活中，仿佛一夜之间，虚拟现实就进入了千家万户。当我们在玩游戏、看视频，甚至在使用一些专业应用时，都能够看到虚拟现实设备和应用的身影。虚拟现实的使用场景日渐丰富，各式虚拟现实应用层出不穷，虚拟现实正在一步步从科幻作品中走出来，变成看得见、摸得着的产品和应用。毫无疑问，"虚拟现实"迎来了春天，而处于这个时期，我们又岂能错过这"虚拟现实"的浪潮。这需要我们认识虚拟现实、了解虚拟现实，最后拥抱虚拟现实并积极地运用。

那么，到底什么是虚拟现实？虚拟现实已成为热词，但是人们对虚拟现实技术具体内涵不够了解。这让"虚拟现实"成为我们身边"熟悉的陌生人"。对此，我深切感受到编写一本比较系统介绍虚拟现实技术入门级书籍的必要性，这也是本书写作的动机。

本书主要介绍了虚拟现实领域研究的发展、虚拟现实相关技术的基本框架以及虚拟现实应用的基本开发流程等，并结合适当的实例进行了说明。同时，本书还考虑了"虚拟现实"的广义概念，在书中各个部分适当补充了一些"增强现实"与"混合现实"的内容，这样的安排旨在让读者读完本书后能够对"虚拟现实"有更全面性的了解，建立起知识体系，帮助读者为下一步进行虚拟现实应用与开发或者相关研究打下良好的基础。

作为一本引导读者走近虚拟现实领域的书，在对虚拟现实领域核心技术进行梳理、说明的基础上，将重点放在了具体应用上。虚拟现实技术正处于一个蓬勃发展的阶段，企业界与学术界都很活跃，且互相影响，联系紧密，了解最前沿的虚拟现实产品有助于把握虚拟现实技术发展的方向。如今市面上有许多受欢迎的虚拟现实系统解决方案，例如谷歌、微软、HTC、索尼等厂商推出的Cardboard、HoloLens、Vive、Vive Focus、PS VR等。这其中既有简约轻便的轻量级移动虚拟现实产品，也有功能完备、体验丰富的一体机和主机。它们各具特色，各有侧重，各有适用场景。本书也对这些常见的虚拟现实系统解决方案按照体量的不同进行了分类介绍，用简短的文字和适量的图片让读者对这些设备和平台有所了解，掌握其特性和基本原理，从而能更好地开发适合平台特性的优秀虚拟现实应用。书中还针对虚拟现实应用做了介绍，围绕虚拟现实内容的开发流程，结合各大科技巨头的内容发布平台，重点介绍了虚拟现实在教育和娱乐领域的应用。

　　虚拟现实技术在不断发展，其应用也将覆盖更多方面。未来，新技术与新交互方式将使得我们在虚拟世界中更容易进行操作和交互，真实和虚拟的界限将变得更加模糊。虚拟现实将不再只是一项"虚拟"技术，它将对真实世界产生更大的影响，改变人们的生活和生产方式，成为行业发展的新信息技术支撑平台，为人类观察世界、体验世界、改造世界提供新的手段。

　　相信本书能帮助读者在虚拟现实领域走得更自信、更远，本书是诸多虚拟现实书籍中的一本好书。是为序。

中国工程院院士

前言
PREFACE

　　随着信息处理技术和光电子技术的高速发展，虚拟现实技术已经从小规模、小范围的技术探索和应用进入了更加宽广的领域。在未来几年，随着技术的进一步发展以及各国政府的政策支持和资本投入的聚焦，虚拟现实行业将以前所未有的速度快速发展。虚拟现实产业生态业务形态丰富多样，蕴含着巨大的发展潜力，能够带来显著的社会效益，虚拟经济与实体经济的结合将会给人们的生产和生活方式带来革命性的变革。从以娱乐、影视、社交为代表的大众应用，到以教育、军事、智能制造为代表的行业应用，虚拟现实技术正在加速向各个领域渗透和融合，并且给这些领域带来前所未有的变革和促进。

　　虚拟现实技术的发展在我国受到了国家层面的高度重视，各级政府积极推动虚拟现实产业发展。虚拟现实技术已经被列入"十三五"国家信息化规划、中国制造2025、互联网＋等多项国家重大战略中，工信部、发展改革委、科技部、文化部、商务部等多个部委出台相关政策促进虚拟现实产业发展，各级地方政府也积极建设虚拟现实产业园，以推动当地虚拟现实产业发展。截至2018年年底，我国二十余个省市地区开始布局虚拟现实产业，从生产制造、技术研发、人才培养等多方面推动虚拟现实产业的发展。

　　虚拟现实行业是个创新的行业。2014年李克强总理提出了"大众创业，万众创新"的号召，开启了"双创"新时代。全民创新热情高涨，涌现出了一大批杰出的创新企业。虚拟现实作为热门新技术，有着巨大的发展潜力，在全民创新、创业的大潮中吸引了众人的目光，并吸纳了众多的创业者。这一时期，虚拟现实行业的从业者扮演着多重角色，他们既是行业发展的见证者，也是行业进步的推动者，同时还是行业创新的领导者。在虚拟现实行业飞速发展的阶段，行业内众多企业紧跟行业发展步伐，不断创新，不断突破，不断探索新技术、研发新产品。虚拟现实的创新特性让整个行业充满活力，也让企业与学术界建立起紧密的联系。在虚拟现实领域，各大企业积极推动校企合作，推动产、学、研一体化。学术界科研新成果不断地转化为新产品，为市场注入新血液，而企业的新实践也成为研究的动力，反哺学术，形成良性互动。

　　虚拟现实行业是面向未来的行业。2014年Facebook收购Oculus时，扎克伯格表示看好虚拟现实的发展，认为这是一个继智能手机之后的新增长点。时至今日，各大互联网巨头均已涉足虚拟现实领域，许多非相关行业的企业，如迪士尼也开始探索旗下产品与虚拟现实结合的可能性，有些企业甚至已经有一些产品问世。各大计算机、互联网行业巨头引领了行业上上下下对虚拟现实（VR）技术的探索，并借助其强大的成果转换能力催生了一系列各具特色的VR产品，为其他行业巨头带来了丰富的应用场景，让虚拟现实走出了游戏娱乐的小圈子，去解决更加丰富的实际问题。从VR技术到VR系统再到VR应用，每个环节都充满着活力，整个行业目前呈现出一种良性循环的态势。

　　现在正是进入虚拟现实领域的好时机，一方面该领域已经有较多实际产品的应用经验可以借鉴，没有那么多虚拟现实处于"概念"时期的不确定性和盲目性，而另一方面又正赶上虚拟现实行业发展初期，仍有大量的未知空间可供探索。因此，对想要进入虚拟现实领域的研究者、创业者来说，应该把握当前良好机遇，充分了解行业现状，紧跟虚拟现实技术发展，积极探索虚拟现实技术的新应用场景。希望所有的读者都能从本书中了解到虚拟现实技术的全貌，发现潜在的突破口，找到自身的兴趣点，都能在虚拟现实的发展大潮中有所收获。

编者
2019 年 2 月

目 录
CONTENTS

第 1 章

虚拟现实概述

　　"虚拟现实"作为一个概念提出已久，在各种科幻作品中都能看到它的身影。但是作为实实在在的应用，真真切切地走入人们的日常生活中，"虚拟现实"可以说是一个时髦的新事物。近些年虚拟现实技术日益成熟，应用日益丰富。从电子游戏到网络直播，从硬核的 VR 一体机到小巧的谷歌 Cardboard。"虚拟现实"四个字在各个方面渗透进人们的生活，但是人们真的了解"虚拟现实"吗？虚拟现实到底是什么？它又是怎样一步步发展起来的呢？在这一章，就让我们一起走近"虚拟现实"，去了解它的前世今生。

1.1 虚拟现实到底是什么

如果你问身边的人什么是 VR，绝大多数的回复将是："VR 就是虚拟现实"。因为 VR 的全称就是 Virtual Reality，那什么是虚拟现实呢？通俗直观地说，虚拟现实就是通过各种技术在计算机中创建一个虚拟世界，用户可以沉浸其中。用户用视觉、听觉等感觉来感知这个虚拟世界，与虚拟世界中的场景、物品，甚至是虚拟的人物进行交互。近几年，虚拟现实越来越活跃在人们的视线中，即使在一些不太发达的地区都可以看到"VR 体验馆"的身影，如图 1-1 所示。淘宝、京东等各大电商平台上也经常有 VR 眼镜、VR 头盔的商品宣传和销售，如图 1-2 所示。2018 年年初，电影《头号玩家》描绘了未来的虚拟现实世界，更是在全球掀起了一阵 VR 热潮，如图 1-3 所示。

图 1-1　VR 体验馆

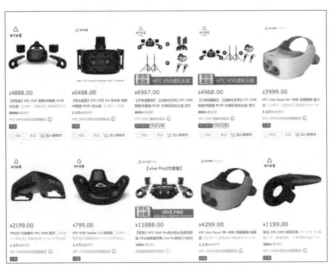

图 1-2　京东 HTC-Vive 销售信息

但是，上面提到的这些都是狭义的虚拟现实，而广义上的虚拟现实除了狭义的 VR 以外，还包括 AR（Augmented Reality，增强现实，如图 1-4 所示）和 MR（Mixed Reality，混合现实，如图 1-5 所示），三者合称"泛虚拟现实"。因此，有时也把泛虚拟现实产业称为 3R 产业。以计算机技术为核心，通过将虚拟信息构建、叠加，再融合于现实环境或虚拟空间，从而形成交互式场景的综合计算平台，这便是"泛虚拟现实技术"的核心。具体来说，就是建立一个包含实时信息、三维静态图像或者运动物体的完全仿真的虚拟空间，虚拟空间的一切元素按照一定的规则与用户进行交互。而 VR、AR、MR 三个细分领域的差异，就体现在虚拟信息和真实世界的交互方式上。这个虚拟空间既可独立于真实世界之外（使用 VR 技术），也可叠加在真实世界之上（使用 AR 技术），甚至与真实世界融为一体（使用 MR 技术）。

图 1-3　《头号玩家》海报

图 1-4　增强现实

图 1-5　混合现实

　　本书所说的 VR 一般指的是狭义的 VR 技术，但是 AR 与 MR 两个领域也各有其独特魅力。如果说 VR 是"虚拟实境"，那么 AR 可称作"实拟虚境"。通过对摄影机影像的位置及角度精算，加以图像分析技术，屏幕上的虚拟世界能够与现实世界场景进行结合、互动。苹果公司在 2017 年的 WWDC（Worldwide Developers Conference，全球开发者大会）推出 ARKit，催生了一波 AR 热潮。随着随身电子产品运算能力的提升，增强现实这种产生于 1990 年的技术定将被广泛运用，大放异彩。

　　而混合现实技术，能结合真实和虚拟世界，创造新的环境，能让物理实体和数字对象共存，实时相互作用，从而将现实、增强现实、增强虚拟和虚拟现实混合在一起。虽然 MR 的提出时间晚于 VR 和 AR，市场普及度也远低于 VR 和 AR。但有学者指出，MR 未来将是三者中最容易在市场中普及的。在国内，贵州颐爱科技有限公司下属的颐爱混合现实拍摄实验室在混合现实方面有所研究，所开发的基于 HTC-Vive 的混合现实系统能让非 VR 用户在二维平面上以"第三视角"同时看到虚拟世界和 VR 设备佩戴者。这一系统已经在国内一些中小学有了实际部署。

1.2　虚拟现实——一个全新的世界

　　VR 技术就是用计算机系统建立一个三维的虚拟世界，用户可以在其中和虚拟的信息进行交互，产生视觉、听觉，甚至触觉、动觉上的虚拟反馈。VR 是一项综合性技术，涉及视觉光学、环境建模、信息交互、图像与声音处理、系统集成等多项技术。但它的核心三要素就在于沉浸性（Immersion）、交互性（Interaction）和多感知性（Imagination），这里以电影《头号玩家》中的"绿洲"游戏为例做具体说明。

1. 沉浸性

　　沉浸性是指用户作为主角存在于虚拟环境中的真实程度。虚拟世界会给用户产生极为逼真的体验，用户会沉浸其中且难以将意识放到别处。在电影中，韦德·沃兹（《头号玩家》电影男主人公）等"绿洲"游戏玩家在戴上 VR 头盔的一瞬间，他们会感觉完全进入"绿洲"世界，他们的意识、注意力都被锁定在"绿洲"中，很难抽离出来。

2. 交互性

　　交互性是指参与者对虚拟环境内物体的可操作程度和从环境得到反馈的自然程度。在 PC 和移动互联网时代，人们用鼠标、键盘、触摸屏等作为入口进行信息交互，但到了虚拟现实时代，人们可以用手势、动作、表情、语音，甚至眼球或脑电波识别等更加真实的方式进行多维的信息交互并得到符合一定规律的反馈。在《头号玩家》中，"绿洲"玩家通过手势动作在面前调出一个透明悬空的操作面板进行装备购买、信息发送，通过语音指令进行好友的空间定位等。

3. 多感知性

　　多感知性是指用户因 VR 系统中装有的视觉、听觉、触觉、动觉的传感及反应装置，在人机交互过程中获得视觉、听觉、触觉、动觉等多种感知，从而达到身临其境的感受。在电影中，韦德·沃兹在获得第一把钥匙之后，用哈利迪奖励的游戏货币购买了一套 IOI 生产的 X1 套装，穿上之后他可以获得在虚拟世界中的所有触觉反馈，这就是 VR 的多感知性。

1.3　虚拟现实的发展过程

VR 概念提出已久。几十年的历史中，通过一代代人的完善与发展才取得了今天的成果。回顾 VR 发展轨迹，分析当前发展现状，深入研究相关支撑技术才能将 VR 发展到新的高度。

1.3.1　VR 概念的提出与演变

1932 年，英格兰作家阿道司·赫胥黎推出长篇小说《美丽新世界》，如图 1-6 所示。在小说中，他对未来社会的生活场景进行了畅想，其中提到了一款头戴式设备，它可以为人们提供图像、气味和声音等感官体验。虽然这款设备的具体名称在书中并没有提及，但是从今天的视角来看，这就是一款不折不扣的 VR 设备。

1935 年，小说家爱斯坦利·温鲍姆在小说《皮格马利翁的眼镜》中同样描述了一款 VR 眼镜，能够让使用者实现视觉、嗅觉、触觉等全方位沉浸式体验，如图 1-7 所示。然而连温鲍姆都没有想到的是，这个基于小说情节而出现的眼镜竟然在未来引发了一场技术革命。这本小说也因此被世人铭记。

图 1-6　《美丽新世界》

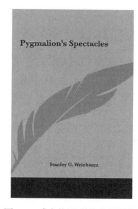

图 1-7　《皮格马利翁的眼镜》

随着科学技术的不断进步，特别是计算机的出现，VR 技术的实现具备了基本条件。1958 年诞生了第一台 VR 模型——Sensorama，稍后在 1968 年"达摩克利斯之剑"诞生在"VR 之父"伊凡·苏泽兰的手中，如图 1-8 所示。温鲍姆在小说中描述的眼镜被真正带到了人们的现实生活中，VR 技术的理念也开始被正式引入应用。

20 世纪 70 年代，NASA（National Aeronautics and Space Administration，美国国家航空航天局）也开始了在 VR 领域的研究和尝试。经过一段时间的研究，由 NASA 自行研发的虚拟现实设备正式投入到了航天领域中。

20 世纪 80 年代，随着个人计算机的普及，VR 有了更好的生存环境。越来越多的人开始投入到对 VR 的钻研之中。1982 年，游戏公司雅达利率先开始着手于 VR 街机项目的研究。1984 年杰伦·拉尼尔创办 VPL Research 公司，并且很快推出了世界上第一台面向市场的 VR 头显设备 Eyephone。但是在那个计算机技术还未成熟的年代，VR 的技术条件显然无法被支撑，10 万美元的天价使得 Eyephone 未能普及，如图 1-9 所示。

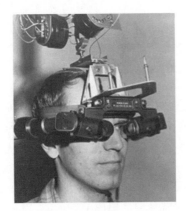
（a）细节构造

（b）外观构造

图 1-8　达摩克利斯之剑

图 1-9　Eyephone

20 世纪 90 年代后，VR 取得了进一步的发展。雅达利、索尼等众多公司都拥有了自己的头戴 VR 设备。虽然此时的产品大多还都局限于技术研究层面，未能真正普及，但是它们的出现成功地为 VR 走向大众打开了一扇门。其中最具代表性的还要数 1994 年日本游戏公司世嘉的 Sega VR-1 和任天堂的 Virtual Boy，如图 1-10 所示。Virtual Boy 利用当时十分前卫的类似 3D 电影的技术产生立体效果，任天堂曾想用其取代 Game Boy（任天堂公司在 1989 年发售的第一代便携式掌上游戏机）。

正如虚拟现实定义提出者杰伦·拉尼尔所说，VR 实际上注重的是通过打造虚拟世界来完善现实世界。利用先进的技

图 1-10　Virtual Boy

术来构造一个虚拟的时空，以填补人们在现实生活中的遗憾，这将成为人们继续探索 VR 的精神支撑和直接动力。随着越来越多的人开始进入探索 VR 的征途，原本只能存在于小说和电影中的设想开始陆续成为实物，VR 正在走进人们的生活。

1.3.2 当下 VR 发展现状

《头号玩家》中描述的是一个假想的未来世界的 VR 技术状态，但是当下，VR 和相关技术还处在快速的发展阶段，还没有能达到电影中所描述的情景。这里简要介绍一下 VR 技术在发源地美国，以及欧洲和中国的发展现状。

1. 美国的 VR 现状

美国是 VR 技术的发源地，拥有主要的 VR 技术研究机构，其中 VR 技术的诞生地——NASA 的 Ames 实验室，引领着 VR 技术在世界各国发展壮大，如图 1-11 所示。美国实验室对空间信息领域的基础研究早在 20 世纪 80 年代就已经开始，在 80 年代中期还创建了虚拟视觉环境研究工程，随后又创建了虚拟界面环境工作机构。

如今，美国的 VR 产业仍处于全球领先地位。众多科技公司纷纷推出各种 VR 相关的软硬件产品，如微软公司推出的 VR 设备 Microsoft HoloLens，拥有可透视镜片、立体音效、先进传感器、全息影像处理器，是第一台运行 Windows 10 系统的全息计算机，不受任何限制——没有线缆和听筒，并且不需要连接计算机。Microsoft HoloLens 能够让用户把一个全息图像钉到真实物理环境中，提供了一个看世界的新方式。再比如 Valve 公司旗下的 Steam VR，在内容方面最具优势，以近 500 个 VR 应用 / 游戏占据 VR 最多的市场资源。

图 1-11　NASA

2. 欧洲的 VR 现状

在 2016 年 VR 元年的带动下，欧洲越来越多的公司投身于 VR 这个新兴的产业中，如图 1-12

所示。在 2017 年，The Venture Reality Fund（一家位于硅谷的风投公司，专注于 VR 和 AR 领域的投资）和法国的 LucidWed（拥有一个庞大的欧洲 VR 初创公司的数据库）联合发布了一份欧洲 VR 行业面貌图，收录了 116 家欧洲 VR 技术相关公司，占据了整个欧洲 VR 产业的半壁江山，展示了欧洲 VR 产业生态系统的整体风貌，包括应用、内容、工具、平台以及硬件等。在地区分布上，法国目前在整个欧洲地区的 VR 发展总体上处于领先地位。

图 1-12　欧洲 VR 相关企业

除此之外，英国对欧洲 VR 产业的贡献也不可磨灭。英国的研究公司设计的 DVS 系统试图将一些 VR 技术在各领域实际应用中进行标准化，同时该公司还为 VR 技术设计了先进的环境编辑语言并投入实际编辑工作中。虽然由于编辑语言的不同，导致在实际应用中的操作模型不尽相同，但是这些模型都可以与编辑语言一一对应。因此，DVS 系统在进行不一样的操作流程时，VR 技术就会展现出不一样的功能。对 VR 技术某些方面的研究工作，英国处在较前列，尤其是对于 VR 技术的处理以及辅助设备设计研究等方面。

3. 中国的 VR 现状

我国 VR 技术研究起步较晚，与欧美地区等发达国家还有一定的差距。随着计算机图形学、计算机系统工程等技术的高速发展，VR 技术已得到国家有关部门和科学家们的高度重视，其研究与应用也引起了社会各界人士的广泛关注，呈现出重点高校实验室和 VR 技术相关科技公司共同合作研究的态势。

作为国内最早进行 VR 研究、最具权威的单位之一，北京航空航天大学虚拟现实技术与系统国家重点实验室集成了分布式虚拟环境，可以提供实时三维动态数据库、虚拟现实演示环境、用于飞行训练的虚拟现实系统、虚拟现实应用系统的开发平台等多种相关技术。实验室着重研究虚拟环境中物体物理特性的表示和处理，在视觉接口方面开发出部分硬件，并进行有关算法及实现方法的研究。

除此之外，国内的其他高校也对 VR 技术进行了不同方向的探索和研究。清华大学国家光盘工程研究中心所做的"布达拉宫"，采用 QuickTime 技术，实现大全景 VR 系统。浙江大学 CAD&CG 国家重点实验室开发了一套桌面型虚拟建筑环境实时漫游系统，并研制出在虚拟环境中一种新的快速漫游算法和一种递进网格的快速生成算法。哈尔滨工业大学计算机系已经成功地合成人的高级行为中的特定人脸图像，解决了表情合成和唇动合成技术问题，并正在研究人说话时手势和头势的动作、语音和语调的同步等。武汉理工大学智能制造与控制研究所研究使用虚拟现实技术进行机械虚拟制造，包括虚拟布局、虚拟装配和产品原型快速生成等。西安交通大学信息工程研究所进行了虚拟现实中的立体显示技术这一关键技术的研究，在借鉴人类视觉特性的基础上提出了一种基于 JPEG 标准来压缩编码的新方案，并获得了较高的压缩比、信噪比以及解压速度，并且已经通过实验结果证明了这种方案的优越性。中国科技开发院威海分院研究虚拟现实中视觉接口技术，完成了虚拟现实中的体视图像的算法回显及软件接口，在硬件的开发上已经完成 LCD 红外立体眼镜，并且已经实现商品化。另外，北京工业大学 CAD 研究中心、北京邮电大学自动化学院、西北工业大学 CAD/CAM 研究中心、上海交通大学图像处理模式识别研究所、长沙国防科技大学计算机研究所、华东船舶工业学院计算机系、安徽大学电子工程与科学系等单位也进行了一些研究工作和尝试。

除了各大高校对 VR 技术的研究外，最近几年国内也涌现出许多从事虚拟现实技术研究的科技公司，如 HTC 威爱教育。2016 年 8 月，HTC 威爱教育推出的全球第一套虚拟现实教室受到了时任国务院副总理汪洋同志的高度评价，2017 年，该公司联合虚拟现实国家重点实验室、北京航空航天大学开办了全球首个虚拟现实硕士专业，旨在打造全球规模最大、品质最高的虚拟现实高级学府。2017 年 11 月，其作为全球十大，中国唯一的虚拟现实教育公司入选权威的 *THE VR FUND H2 2017 VR INDUSTRY LANDSCAPE*（VR 基金 2017 年全球虚拟现实百强企业名录）。

1.3.3 VR 发展道路上相互促进的关联技术

由于 VR 技术的实现是基于计算机相关技术的，因此它并不孤单，在其发展道路上，有许多的关联技术，比如计算机仿真、计算机图形学、人工智能、5G 技术和大数据技术等。它们和 VR 技术紧密联系，相互促进，共同发展，为 VR 技术走进千家万户一起努力。

1. 计算机仿真

计算机仿真是一种描述性技术，是一种定量分析方法。通过建立某一过程或某一系统的模式，来描述该过程或系统，然后用一系列有目的、有条件的计算机仿真实验来刻画系统的特征，从而得出数量指标，为决策者提供关于这一过程或系统的定量分析结果，作为决策的理论依据。

而 VR 技术是一种可以创建和体验虚拟世界的计算机仿真技术，它利用计算机生成一种结合了多源信息融合、交互式的三维动态视景和实体行为的模拟环境，并使用户沉浸到该环境中，以直接观察的方式获得最直观的仿真结果。

2. 计算机图形学

计算机图形学是一种使用数学算法将二维或三维图形转化为计算机显示器的栅格形式的科学。简单地说，计算机图形学的主要研究内容就是研究如何在计算机中表示图形、如何用计算机进行图形的计算、处理和显示的相关原理与算法。

VR 技术与计算机图形学是包含关系。VR 即做一个虚拟的"现实"出来，除了计算机图形学需要做的视觉方面的展示外，还要将图形渲染出的效果再呈现为 3D 画面，以被人眼直接观察到，VR 还包括听觉、触觉、嗅觉等视觉之外感官的反馈。

3. 人工智能

人工智能是研究、开发用于模拟、延伸和扩展人的智能的理论、方法、技术及应用系统的一门新的技术科学，是计算机科学的一个分支，如图 1-13 所示是应用人工智能的场景。它试图揭示人类智能的本质，并生产出一种新的，能以人类智能相似的方式做出反应的智能机器，该领域的研究包括机器人、语言识别、图像识别、自然语言处理和专家系统等。

人工智能和 VR 又有何种关系呢？简单来说，人工智能能够创造接受感知的事物，而 VR 是一个创造被感知的环境。人工智能的事物可以在 VR 环境中进行模拟和训练。随着时间的推移，人工智能会使得虚拟世界中的环境更真实，让虚拟的人更像人，让虚拟的场景更逼真。

图 1-13　应用人工智能的场景

4. 5G 通信

第五代移动电话行动通信标准，也称第五代移动通信技术，通常被缩写为 5G。它是 4G 之后的延伸，5G 网络的理论下行速度为 10Gb/s（相当于下载速度 1.25GB/s）。网络传输的发展不断带动终端的革新，从 PC 到功能手机，再到智能手机的演进都离不开网络传输技术的发展。近两三年有不少人将 5G 与 VR 紧密联系在一起。Facebook 首席执行官扎克伯格甚至认为，VR

将成为 5G 最为重要的杀手级应用。

　　5G 需要 VR 应用，增强移动宽带使 5G 典型应用场景的下载速率可达到 1Gb/s，峰值速率可达到 10Gb/s 以上。但是，如果 5G 只带给大家更宽的带宽、更高的速率，显然还是不够。中国工程院院士邬贺铨认为，未来 5G 更重要的应用应该是产业上的应用，如 VR 应用等，这也是未来运营商的一大业务增长点。同时，VR 也需要 5G 的支持，在 VR/AR 技术中，语音识别、视线跟踪、手势感应等都需要低时延处理，这也同时要求网络时延必须足够低。所以，超高速的、超低时延的 5G 网络就为 VR 走进人们的日常生活铺平了道路。

5．大数据技术

　　大数据是指无法在一定时间范围内用常规软件工具进行捕捉、管理和处理的数据集合，是需要新处理模式才能处理的，具有更强的决策力、洞察力和流程优化能力的海量、高增长率和多样化的信息资产。而大数据技术就是对这些海量的数据进行处理和分析。

　　从表面上看，大数据技术和 VR 技术好像没有关联，其实不然，VR 可以从很多方面改变大数据。比如，大数据将变为沉浸式，在 2D 屏幕可视化大量数据几乎是不可能完成的任务，但 VR 提供了一种可能性。同时，分析将变成交互式。交互性是理解大数据的关键。毕竟，如果没有动态处理数据的能力，拟真并没有太多意义。几十年以来，人们一直在使用静态数据模型来了解动态数据，但 VR 为人们提供了动态处理数据的能力。

1.4　本章小结

　　本章主要帮助读者认识虚拟现实。主要包含 3 个方面的内容。

　　（1）明确虚拟现实概念的定义，阐释其内涵外延。

　　（2）介绍虚拟现实技术的三要素。

　　（3）回顾虚拟现实发展历程，介绍当前虚拟现实技术以及关联技术的发展现状。

　　通过本章的介绍，读者能够整体把握虚拟现实的概念，了解虚拟现实行业的发展历程、现状，认清虚拟现实技术的基本脉络，为进一步具体了解虚拟现实各方面细节打下基础。

第 2 章

虚拟现实系统的核心技术

虚拟现实不是空中楼阁，需要依靠相关的技术支撑才得以实现。一个合格的虚拟现实系统，应当能给用户全方位的沉浸感受，包括视觉、触觉、听觉甚至嗅觉等多重感官的刺激。为达到这一目的，不仅要利用多种建模手段构建出逼真的虚拟世界，还要有丰富的交互手段给使用者逼真的反馈。本章将探索虚拟现实相关技术，了解虚拟现实技术结构以及相应技术的框架，并介绍增强现实、混合现实方面的一些技术。

2.1 虚拟现实的技术结构

如图 2-1 所示,虚拟现实系统的主要工作流程是将现实世界中的事物转换至虚拟场景中,进而呈现给用户,捕捉用户的交互行为,并作出反应。主要包括虚物实化、实物虚化两个环节。

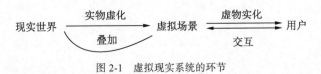

图 2-1　虚拟现实系统的环节

实物虚化是在虚拟世界中描绘现实世界中的事物的过程。在虚拟现实技术中,必不可少的实物虚化技术有几何造型建模、物理行为建模等,它们将从外观和物理特性等方面来对现实世界的物体进行建模,呈现于虚拟场景中。

虚物实化则是将建模好的虚拟场景呈现给用户的过程。这一过程需要某些特定的技术和工具的支持。如要使用户看到三维的立体影像,需要依靠视觉绘制技术,要使用户看到的虚拟物体逼真,需要真实感绘制技术的帮助,要使用户听到三维虚拟的声音,需要三维声音渲染技术,要使用户感受真实的触感,需要力触觉渲染技术。

此外,虚拟现实技术还包括用户与虚拟场景进行交互的过程中所需的人机交互等相关技术。这些虚拟现实的基本技术也是增强现实、混合现实等应用的基础。但是增强现实和混合现实涉及现实世界和虚拟世界的叠加,还需要一些配准技术和标定技术的支持来保证叠加的准确性。

2.2 实物虚化技术

实物虚化是现实世界向三维虚拟空间的一种映射,是将现实世界的事物转换成虚拟空间中的物体的过程。在虚拟现实中,做好将现实世界映射到虚拟空间的工作是为用户提供逼真的虚拟世界的前提。这需要对现实世界中的物体进行建模,一般的方式有形状外观的几何造型建模和物理行为建模等。

2.2.1 几何造型建模

几何造型建模是指对虚拟环境中的物体的形状和外观进行建模。其中,物体的形状由构造物体的各个多边形、三角形和顶点等确定,物体的外观则由表面纹理、颜色以及光照系数等确定。虚拟环境中的几何模型是物体几何信息的表示。因此,用于存储虚拟环境中几何模型的模型文件需要包含几何信息的数据结构、相关的构造与操纵该数据结构的算法等信息。

通常几何造型建模可通过人工几何建模和数字化自动化建模这两种方式实现。

1. 人工几何建模

人工几何建模包括"通过图像编程工具或虚拟现实建模软件建模"和"利用交互式的绘图、

建模工具来进行建模"等两种方法。

1）通过图像编程工具或虚拟现实建模软件建模

以编程形式进行建模是常用方法，常见工具包括 OpenGL、Java3D 等二维或三维的图像编程接口，以及类似 VRML 的虚拟现实建模语言。这类编程语言或接口一般都针对虚拟现实技术的建模特点设计，拥有内容丰富且功能强大的图形库，可以通过编程的方式轻松调用所需要的几何图形，避免了用多边形、三角形等图形来拼凑对象的外形这样的枯燥、烦琐的程序，能有效提高几何建模的效率。图 2-2 所示场景为利用 VRML 语言实现的城市环境的模拟。

图 2-2　VRML 语言城市建模

2）利用交互式的绘图、建模工具来进行建模

常用的交互式绘图、建模工具包括 AutoCAD、3ds Max、Maya、Autodesk 123D 等，如图 2-3 所示的游戏人物形象便是使用 3ds Max 制作的。

图 2-3　应用 3ds Max 制作的游戏人物形象

与编程式的建模工具不同，在使用交互式绘图、建模工具时，用户通过交互式的方式进行对象的几何建模操作，无须编程基础，非计算机专业人士也能够快速学会使用。但是，虽然用户可以交互式地创建某个对象的几何图形，然而并非所有要求的数据都以虚拟现实要求的形式提供，实际使用时某些内容需要手动或通过相关程序导入。

2. 数字化自动建模

三维扫描仪是数字化自动建模的常用设备，它可以用来扫描并采集真实世界中物体的形状和外观数据。利用三维扫描仪来对真实世界中的物体进行三维扫描，即可实现数字化自动建模。

图 2-4 中展示的是一部线激光手持式三维扫描仪。它配备了一个激光闪光灯和两个工业相机，并且自带校准能力。对物体进行三维扫描操作时，物体被闪光灯的激光线照射，由于物体表面的各个部位曲率不同，光线照射到物体上发生反射、折射，两个工业相机将捕捉下这瞬间的三维扫描数据。这些数据在经过相关软件进行分析后，可快速转换为三维模型。

图 2-4　手持式三维扫描仪

2.2.2　物理行为建模

物理行为建模包括物理建模和行为建模两部分。物理行为建模的主要作用是使得虚拟世界中的物体具备和现实世界类似的物理特征（物理建模），并且使其运动方式遵循客观的物理规律（行为建模）。

1. 物理建模

物理建模是对虚拟环境中的物体的质量、惯性、表面纹理（光滑或粗糙）、硬度、变形模式（弹性或可塑性）等物体属性特征的建模。较之几何造型建模，物理建模属于虚拟现实系统中较高层次。在此过程中需要结合计算机图形学技术和物理学知识，尤其需要关注力反馈方面的问题。典型的物理建模方法有分形技术和粒子系统两类。

1）分形技术

分形是指组成部分以某种方式与整体相似的形体，分形通常具备自相似性和迭代性。"树"就是生活中较为典型的自相似结构。一棵树由很多根树枝组成，如果忽略树叶个体间的区别，当拉近和树枝的距离，每一根树枝看起来也像一棵大树，这种自相似称为统计意义上的自相似。

自相似结构常用于对拥有不规则的复杂外形的物体的建模，如河流、山体。例如，在对山体形态进行建模时，可利用三角形来生成一个随机高度的地形模型，如图 2-5 所示。取三角形三边的中点顺次连接，将其分为 4 个小的三角形，若同时为每个中点随机赋予一个高度值，即可得到一个山体的雏形，若递归此过程，则可使模型不断细化，产生近似真实山体的形态。

分形技术的优点是用简单的操作就可以完成复杂的不规则物体建模，缺点是计算量较大，难以满足实时性需求，在虚拟现实系统中一般仅用于静态远景建模。

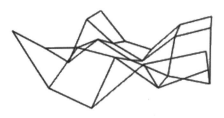 

（a）利用三角形生成的简单模型　　　　　　　（b）细化后的山体模型

图 2-5　利用分形技术对山体进行建模

2）粒子系统

粒子系统是一种典型的物理建模系统，它能利用简单的体素来完成复杂的运动的建模。体素是构造物体的原子单位，体素的选取决定了建模系统所能构造的对象范围。粒子系统主要由大量称为粒子的简单体素构成，每个粒子具有位置、速度、颜色和生命期等属性，这些属性可根据动力学计算和随机过程得到。

常用粒子系统建模制作的效果有火、爆炸、烟、水流、火花、落叶、云、雾、雪、尘、流星尾迹等。图 2-6 是使用粒子系统建模的云雾效果。

图 2-6　粒子系统建模的云雾

2. 行为建模

几何建模与物理建模结合起来，仅仅能让一个虚拟的物体"看起来像"，但若要让它"动起来真"，就需要让它的运动和行为模式符合客观规律。例如，将桌上的物体移出桌面，它将由于具有质量而受地球引力做自由落体运动，而不是悬浮着停留在空中，这是物体行为符合运动学和动力学规律的直观体现。这一过程就称为行为建模。

在建立行为模型时，为满足虚拟现实的自主性，除了对用户行为直接做出反应的行为模型以外，还需要考虑与用户输入无关的行为模型。所谓虚拟现实自主性的特性，简单地说是指动态实体的活动、变化以及与周围环境和其他动态实体之间的动态关系，它们不受用户的输入控制（即用户不与之交互）。例如，战场仿真虚拟环境中，直升机的螺旋桨不停地旋转；虚拟场景中的鸟在空中自由地飞翔，当人接近停留在地面上的鸟时，它们要飞远等行为。

2.3 虚物实化技术

虚物实化是将建模好的虚拟世界呈现给用户的过程，它包括了视觉、听觉甚至触觉等多感官的综合呈现。虚物实化的过程主要涉及视觉绘制、并行绘制、声音渲染和力触觉渲染等技术。

2.3.1 视觉绘制

要了解视觉绘制的原理与方法，首先要了解、研究人类视觉系统，掌握人类视觉系统的特点。

1. 人类视觉系统

人眼有 126 000 000 个感光器，这些感光器不均匀地分布在视网膜上。视网膜的中心区域称为中央凹（视网膜中视觉最敏锐的区域），它是高分辨率的色彩感知区域，周围是低分辨率的感知区域，视网膜上显示的图像中投影到中央凹的部分称为聚焦区。在仿真过程中，观察者的焦点是无意识地动态变化的，如果能跟踪到眼睛的动态变化，就可以探测到焦点的变化。眼睛能观察到的范围称为视场（Field of View，FOV）。通常一只眼睛的水平视场大约是 150°，垂直视场大约是 120°，双眼的水平视场大约是 180°，水平重叠的部分大约是 120°。

众所周知，人类的双眼能够感受到立体的图像，并且能感受物体与观察者的距离。这主要是大脑利用两只眼睛看到的图像位置的水平位移得到的。图 2-7 是一个简单的人类立体视觉生理模型。A、B 两个物体出现在人类眼睛视场中，物体 A 位于物体 B 的后面。当目光集中于物体 B 的一个特征点，眼睛会聚焦在一个固定点 F 上。此时由于人类左眼瞳孔和右眼瞳孔之间有一定的距离（这个距离被称为内瞳距），两只眼睛到聚焦点 F 之间的连线会产生一定的角度。一般情况下，内瞳距固定，这个角度会随着观察的物体的靠近或远离而变大或变小。这个角度的变化体现到人眼观察到的内容上，就是两只眼睛看到的固定点 F 的位置会不同，因此物体在人类左眼和右眼中呈现出的影像会有一定的水平位移，这个位移被称为图像视差。

虚拟现实的图形显示设备如果能够产生同样的图像视差，就能使虚拟物体在人眼中形成立体的显示效果，也能使人眼能够理解虚拟现实中的深度。为了产生这样的图像视差，虚拟现实的图形显示设备需要分别输出两幅轻微位移的图像到两只眼睛。如果有两个显示设备（如立体显示头盔）分别输出不同的图像，这样的效果很容易办到。如果只有一个显示设备，就要采取分时或分光等技术一次产生两种图像输出到两只眼睛。

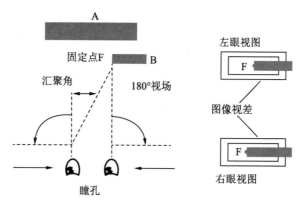

图 2-7　人类立体视觉生理模型

图像视差在近场显示的时候是一个很好的判定深度的线索，但在远距离观察时效果会大打折扣。这是因为观察的物体越远，两眼到聚焦点 F 之间连线的角度就越小，两眼的图像视差也就越小。当物体较远时（一般距离观察者 10m 以外），利用图像视差来感知深度的效果就不明显。此时可以利用图像中的固有线索（如线性透视、阴影、遮挡等）来进行远处物体的深度感知。另外，在使用一只眼睛进行观察的情况下，因为观察者移动头部时，近处的物体看上去比远处的物体移动得更多，这样产生的运动视差也是一个很好的深度感知线索。

2. 立体显示

由于内瞳距的存在，人类眼睛在观察物体时，两只眼睛看到的图像是有差别的，两幅不同的图像被输送至大脑，形成了有景深的立体图像。这就是立体成像的原理，如图 2-8 所示。根据这个原理，可通过分色技术、分光技术、分时技术和光栅技术来进行立体显示，其基本思路都是产生两幅轻微位移的图像输送到两只眼睛，技术的不同主要在于如何使得两只眼睛在看同一个画面时接收到不同的图像。

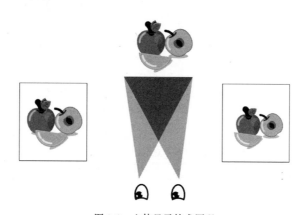

图 2-8　立体显示技术原理

1）分色技术

分色技术的原理便是让某些颜色的光只进入左眼，另一部分只进入右眼。分色技术的典型应用是看电影时的红蓝 3D 眼镜，如图 2-9 所示。这种眼镜一般左边镜片为红色，右边镜片为绿色或蓝色（左右颜色与画面的分色操作保持一致），戴上之后两眼都只能看到一部分颜色的光。镜片颜色的选择是考虑到人眼中可以感知颜色的感光细胞只有 3 种，分别感知红、绿、蓝三色，即光的三原色，其他的颜色都是这几种颜色的合成。

分色技术需要先将要立体显示的画面分成有细微偏移的两个图像，偏左边的画面去除绿色或蓝色，偏右边的画面则去除红色，再将两者叠加显示在屏幕上。这时，观众通过与之对应的滤色眼镜，就能两眼分别看到有轻微偏移的不同画面，形成立体显示的效果。

2）分光技术

分光技术的例子是偏光眼镜，其基本原理是让两只眼睛分别接收到偏振方向不同的光。偏光眼镜的左、右两片镜片都为偏光镜，它可以滤过特定偏振方向的光，而将其他的光阻隔。所以分光技术中会令将要展示给两眼的画面偏振方向互相垂直，叠加到屏幕上。观众戴上左、右镜片的偏振轴相互垂直的偏光眼镜，就能使得两眼接收到位移不一样的图像，产生立体的视觉效果，如图 2-10 所示。

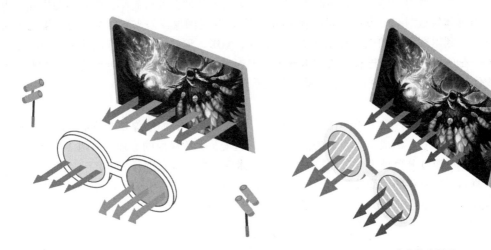

图 2-9　分色技术原理　　　　　　　　图 2-10　分光技术原理

3）分时技术

分时技术的基本原理是将两个有偏移的画面在不同的时间播放。例如，在画面第一次刷新时播放左眼的画面，并遮住右眼，下一次刷新时播放右眼的画面，遮住左眼。在画面刷新和眼睛遮挡频率很快的情况下，根据人眼视觉暂留的特性就能合成连续的画面。目前，用于遮住左右眼的眼镜用的都是液晶板，因此也被称为液晶快门眼镜。

4）光栅技术

光栅技术的基本原理是在显示器前端加上光栅，让左眼透过光栅时只能看到部分画面，右眼也只能看到另外一半画面，即左右眼看到不同影像并形成立体，此时无须佩戴眼镜。

有些显示器本身就集成了光栅。这种显示器的屏幕一般由两片液晶画板重叠组合而成，当位于前端的液晶面板显示条纹状黑白画面时，即可显示三维图像；而当前端的液晶面板显示全白的画面时，不但可以显示三维的影像，也可如普通显示器一样显示二维图像。光栅三维显示技术原理如图 2-11 所示。

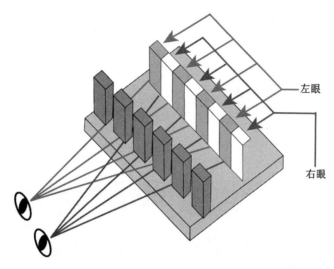

图 2-11　光栅三维显示技术原理

3. 真实感实时绘制

在虚拟现实的视觉绘制中，仅仅依靠立体显示技术来生成三维立体影像是不够的，虚拟世界的物体需要能依据对用户的输入实时生成、改变，这样才能产生"真实感"。这就涉及真实感绘制和实时性绘制相关的技术。

1）真实感绘制技术

"真实感"一般指几何真实感、光照真实感和行为真实感。几何真实感指虚拟世界中的物体应该拥有与真实世界的物体非常相似的几何外观；光照真实感一般是指虚拟世界中的物体在光源照射下产生的明暗变化或镜面反射等效果要与真实世界中相一致；行为真实感指建立的对象的表现符合真实世界的客观规律。真实感绘制技术一般会受到硬件条件和图形处理算法的限制。

真实感绘制的主要任务是模拟真实物体的物理属性，即物体的形状、光学性质、表面纹理和粗糙程度，以及物体间的相对位置、遮挡关系等。常采用纹理映射、环境映射与反走样技术来增加虚拟物体显示的逼真程度。

（1）纹理映射主要是通过提升虚拟物体表面细节处的真实度来使得物体更加逼真的。它的主要方式是在虚拟物体的几何表面上贴上细腻的纹理图像，使得物体在表面的细节处和真实物体更加相似。这种方式实质上是将三维模型转换为一个个局部的二维表面来进行纹理贴图，从而完成一个三维模型的纹理映射过程，如图 2-12 和图 2-13 所示。

（a）纹理映射前　　　　　　　　　　　　（b）纹理映射后

图 2-12　三维模型纹理映射

（a）纹理映射前　　　　　　　　　　　　（b）纹理映射后

图 2-13　动物纹理映射

（2）环境映射用以实现虚拟物体在光照等的作用下拥有的物体表面镜面反射、明暗变化和规则透视等与真实世界相一致的效果。它的实际实现过程仍是用纹理图像贴于物体表面的方式来完成的。如图 2-14 所示的立方体，它的镜面表面在光照下会反射出周围环境的模样。

图 2-14　环境映射

（3）走样是指图像由于像素太低，而部分失真的现象。相对的，反走样就指的是用提高图像像素密度的方式来减少图像失真的方法。反走样的一种具体方法是以两倍的分辨率绘制图形，再由像素值的平均值计算正常分辨率的图形。另一种方法是计算每个相邻元素对一个像素点的影响，再将其加权求和得到最终像素值。图 2-15 为线形反走样对比图。

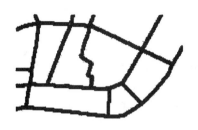

（a）处理前图像　　　　　　　　　　　　　　（b）处理后图像

图 2-15　线形反走样对比图

2）实时性绘制技术

要做到"实时性"一般有以下 3 点要求：虚拟世界中的画面更新速度必须足够快，要至少达到人眼察觉不出画面闪烁的效果；必须对虚拟世界中物体的姿态和位置进行实时计算并动态进行绘制，以满足描述其姿态变化和运动的需要；必须对用户的输入及时作出相应的反应，以满足虚拟现实系统的交互性。

实时绘制技术的任务就是在一定时间内完成三维虚拟场景的绘制。一般的虚拟场景绘制的流程是先进行几何外形和轮廓的绘制，然后利用纹理映射、环境映射来渲染真实感，最后进行实时的画面输出。这对计算机的硬件和软件都有较高的性能要求，计算机需要有足够的运行速度和强大的图形显示能力。

一般通过提高图形显示能力、降低虚拟场景复杂度的方式来提升实时绘制的效果。图形显示能力的提升通常只能通过提高计算机运行速度来达到，而降低场景复杂度的方法有以下几种。

（1）预测计算。根据各种运动的方向、速率和加速度等运动规律，在下一帧画面绘制之前用预测、外推的方法推算出手部跟踪系统及其他设备的输入，从而减少输入设备产生的延迟。

（2）脱机计算。在实际应用中尽可能将一些可预先计算的数据进行预先计算并存储在系统中，运行时直接调用，加快运行速度。

（3）3D 剪切。针对可视空间剪切，将一个复杂的场景划分成若干子场景。通过剔除虚拟环境在可视空间以外的部分，有效地减少在某一时刻所需要显示的多边形数目，从而降低场景的复杂度，减少计算量。

（4）可见消隐。系统仅显示用户当前能"看见"的场景，当用户仅能看到整个场景很小部分时，系统仅显示相应场景，从而大大减少所需显示的多边形的数目。

（5）细节层次模型（Level of Detail，LOD）。对场景中不同的物体或物体的不同部分，采用不同的细节描述方法。对于虚拟环境中的一个物体，同时建立几个具有不同细节水平的几何模型。通过对场景中每个图形对象的重要性进行分析，对最重要的图形对象进行较高质量的绘制，而对不重要的图形对象采用较低质量的绘制，在保证实时图形显示的前提下，最大限度地提高视觉效果。

2.3.2　并行绘制

所谓并行绘制是指同时对多个图形，或者同一图形的不同部分进行绘制，这样做能够充分利用计算资源，避免计算资源闲置，让所有的计算资源的利用率都尽可能地提高。为了充分发挥并行绘制的优势，首先需要详细了解图形绘制流水线，然后再有针对性地设计并行绘制方法。

1. 图形绘制流水线

虚拟现实中的图形绘制，是应用视觉绘制的各种相关技术原理，基于计算机的软件和硬件，将虚拟世界中的三维几何模型转变为二维的场景并呈现给用户的一个过程。

一般图形绘制是按照几个较为固定的阶段进行。这种工作方式与工厂的生产流水线类似，把一个重复的过程分成若干子过程，子过程之间相对独立，所需要的计算资源也都有所不同。

不同任务中，流水线的划分略有不同，一般情况下图形绘制流水线可分为 3 个主要阶段。

（1）应用程序阶段。这一阶段使用软件编程方法通过计算机 CPU 或图形处理器（Graphic Processing Unit，GPU）完成。GPU 又称显示芯片，是显卡中负责图像处理的运算核心。该阶段要完成建模、加速计算、动画、人机交互响应用户输入（如鼠标、数据手套、跟踪器）等任务，以及触觉绘制流水线一些任务。这一阶段需要为绘制的内容（多边形）提供几何处理。这些多边形都是图元（如点、线、二角形等），最终需要在输出设备上显示。

（2）几何处理阶段。几何处理阶段由几何处理引擎（Geometry Engine，GE）完成。该阶段是从三维坐标变换为二维屏幕坐标的过程，包括模型变换（坐标变换、平移、旋转和缩放等）、光照计算、场景投影、剪裁和映射。其中光照计算使场景具有明暗效果，根据场景中模拟光源的类型和数目、材料纹理、光照模型和大气效果计算模型（通常为三角形）的表面颜色，以增加场景的真实感。

（3）光栅化阶段。该阶段是通过硬件实现的，由光栅化单元（Rasterizer Units，RU）完成。这一阶段把几何处理阶段输出的几何图形信息（坐标变换后加上了颜色和纹理等属性）转换成视频显示器需要的像素信息，即把几何场景转化为图像。此阶段一个比较重要的功能是执行反走样。

2. 并行绘制方法

考虑到图形绘制阶段化的特点以及绘制过程的流水线结构，可应用到图形绘制过程中的并行绘制方法有流水线并行、数据并行和作业并行。

1）流水线并行

流水线并行是最常见、最易实现的并行方法。图形绘制流水线分为几个固定阶段，一些不同的阶段可能会占用不同的软件、硬件资源，所以可以采用流水线并行执行的方式提高资源的利用率，从而提高绘制效率。

但是流水线并行的方法有一定的局限性。在流水线作业中，后一阶段需要前一阶段输出的结果来作为输入才能开始执行，因此流水线整体的速度将受限于最慢的那个阶段所需的时间，并且划分过多的阶段也会影响并行效果。

2）数据并行

数据并行方法中，数据会被划分成子数据流，在一些相同的处理模块上对这些子数据流进行处理。数据并行方法的优点是绘制流水线阶段数不会影响并行的效果，但它会受制于系统中的通信带宽，以及相同处理模块的数目。

该方法在数据相关性较弱的绘制过程中能达到较高的并行度，效果明显，并且数据并行方法具有很好的扩展性，常被用来构建大规模的并行绘制系统。

3）作业并行

作业并行主要应用在流水线中有独立分支的情况。如果一条图形绘制流水线有多个独立分支，就能在绘制流水线中用多个进程对某些独立分支进行处理，使其并行执行。作业并行的瓶颈在于流水线中独立分支的数量以及独立模块之间的差异性。

3. 并行图形绘制系统的实现

并行绘制系统需要有相应的硬件设备支持才能真正发挥作用。当前，主要有以下两种方式来构建并行图形绘制系统。

1）基于高端多处理器和高性能图形工作站

用高端多处理器和高性能图形工作站实现并行图形绘制系统是最传统的方式。如 SGI 采用 Sort-middle 方法实现的 Infinite Reality 系统，通过顶点总线对像素片段生成器进行广播，每秒可绘制 700 万个三角面片。此外，UNC 采用 Sort-last 方法实现的 PixelFIow 系统，采用全图像合成方法实现了可伸缩的并行图像处理，并采用像素流结构实现真实感图像的绘制。这种方式最大的缺点是价格高昂，成本居高不下。

2）基于 PC 集群

随着高性能微机图形卡的出现，基于 PC 集群构建并行图形绘制系统已成为新趋势。相较于高端处理器与高性能工作站，PC 集群价格低廉，性能也很可观。

美国 Alamos 国家实验室采用流水线并行、数据并行和作业并行方法，在集群环境下实现了对海洋模拟数据的并行绘制。我国在并行绘制方面也进行了相关探案，在集群环境下基于 VTK 实现了对人体头部 CT 扫描数据的并行绘制。

2.3.3 声音渲染

良好的声音渲染能提升沉浸感，使用户真正体验到"声临其境"。虚拟现实系统的声音渲染技术是在对人类的听觉系统充分了解之后，利用人类听觉系统的特性开发完成的。

1. 人类的听觉系统

人类能够轻易地分辨出声音是从什么方向传来，这种在空间中定位声源的方法，主要通过对各种声音线索进行识别和判断。为了方便描述声源在空间中的位置，本书将采用如图 2-16 所示的以头部为原点的纵向极坐标系统。

声源的位置由 3 个变量唯一确定，分别是方位角、仰角和范围。方位角 θ（180°）是鼻子与纵向轴 Z 和声源的平面之间的夹角；仰角 φ（90°）是声源和头部中心点的连线与水平面的夹角；范围 r（大于头的半径）是沿上述连线测出的声源距离。大脑根据声音的强度、频率和时间线索判断上述 3 个变量，从而确定声源位置。

1）方位角线索

声音从声源出发，以不同的方向在空气介质中传播，经过衰减以及人的头脑反射和吸收过程，最后到达人的左右耳，左右耳因此感受到不同的声音。

声音在空气中的传播速度是固定的，那么声音将先到达距离声源比较近的那只耳朵，稍后到达另一只耳朵，因为声音传播至两耳的距离不同，声音到达两只耳朵的时间也不同。这个时间差称为两耳时差（Interaural Time Difference，ITD），这一过程如图 2-17 所示。两耳时差可用式（2-1）来表示

$$ITD = \frac{a}{c}(a\theta + a\sin\theta) \tag{2-1}$$

式中，a 为头的半径（m）；c 为声音的传播速度（m/s）；θ 为声源的方位角（°），$a\theta + a\sin\theta$ 指的是声音传播到两耳的距离之差。当 $\theta + 90°$ 时，两耳时差最大；当声源位于头的正后方或者正前方时，两耳时差为 0。

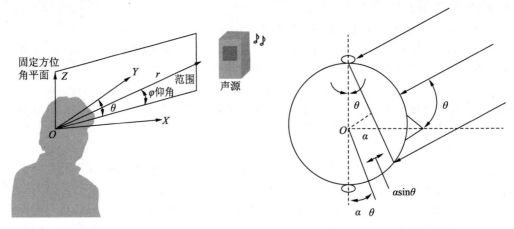

图 2-16 用于定位三维声音的纵向极坐标系统 　　　　图 2-17 两耳时差示意图

大脑估计声源方位角的第二个线索是声音到达两只耳朵的强度，称为两耳强度差（Interaural Intensity Difference，IID）。如图 2-17 所示，声音到达较近耳朵的强度比较远耳朵的强度大，这种现象称为头部阴影效果。对于高频声音（大于 1.5kHz），用户能感受到这种现象的存在；对于频率非常低的声音（低于 250Hz），用户是感觉不到这种现象的。

2）仰角线索

如果在对头部进行建模时，把耳朵表示成简单的小孔，那么对于时间线索和强度线索都相同的声源，误区圆锥（Cones of Confusion）会导致感觉倒置或前后混乱，比如应当位于用户身后的声源，用户可能感觉位于面前。但在现实中，耳朵并不是简单的小孔，而是有着一个非常重要的结构——外耳（耳郭）。如图 2-18 所示，声音经外耳反射后进入内耳，来自用户前方的声音与头顶的声音有不同的反射路径。声音在被外耳反射时，一些频率被放大，另一些被削弱。

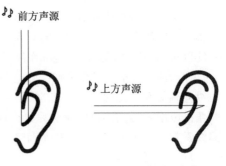

图 2-18 声源位置与声音反射路径变化

声音和耳郭反射声音之间的路径随仰角而变化，大脑则通过感受不同频率声音被放大或削弱的
程度来推断声源的仰角。

3）距离线索

大脑利用对给定声源的经验知识和感觉到的声音响度估计声源的距离。平移头部时声音方
位角的变化是大脑作出判断的一个重要线索。与运动视差类似，方位角变化大，说明声源距离
近；方位角变化小，则声源距离远。另一个重要距离线索是来自声源的声音与经周围环境（墙、
地板或天花板等）第一次反射后的声音强度之比。这主要是因为声音的能量以距离的平方衰减，
而反射的声音不会随距离的变化发生太大变化。

4）头部相关的传输函数

虽然大脑判断声源位置的方法是相同的，但是人类个体之间存在巨大的差异性。同样的声
源，同样的位置，两个人所听到的声音未必相同。而衡量这一差异的就是头部相关的传输函数。

欲测得头部相关函数，首先要构建声音到达内耳模型。其具体方法是将实验者放在一个
有多个声源（扬声器）的圆屋顶（Dome）下，并在实验者的内耳放置一个微型传声器。当扬
声器依次打开时，将传声器的输出存储下来并进行数字化。这样，就可以用两个函数（分别对
应一只耳朵）测量对扬声器的响应，称为头部相关的脉冲响应（Head Related Impulse Responses，
HRIR），相应的傅里叶变换即为与头部相关的传输函数（Head Related Transfer Functions，
HRTF），它捕获了声音定位中用到的所有物理线索。HRTF 涉及声源的方位角、高度、距离和
频率，对于远声场声音，HRTF 只与方位角、高度和频率有关。每个人都有自己的 HRTF，因
为任何两个人的外耳和躯干的几何特征都不可能完全相同。

2. 三维虚拟声音技术

三维虚拟声音能够在虚拟场景中使用户准确地判断出声源的精确位置，符合人们在真实世
界中的听觉方式，其技术的价值在于使用多个音箱模拟出环绕声的效果。

1）三维虚拟声音

人们生活中常常听到立体声的概念，立体声就是指有空间立体感的声音。自然界中的各种
声音都是立体声，但是这些立体声如果被采集下来，经过一系列的处理后再重放出来，所有的
声音都只由一个扬声器播放出来，这时候的声音就不再是立体声了，而被称为单声。立体声技
术就是指将采集到的立体声经过一定处理，最后重放的时候还能够恢复一定程度的立体感。最
常见的方式就是采用多扬声器的方式来营造声音从四面八方传来的空间立体感。

三维虚拟声音技术的任务是在虚拟场景中能使用户准确地判断出声源的精确位置，且符合
人们在真实境界中的听觉方式。三维虚拟声音跟人们所熟悉的立体声有所不同，但就目的而
言，都是为了尽可能地重现真实的三维空间的声音。就整体效果而言，立体声来自听者面前的
某个平面，而三维虚拟声音来自围绕听者双耳的一个球形中的任何地方，即声音出现在头的上
方、后方或前方。但虚拟声音在双声道立体声的基础上不增加声道和音箱，把声场信号通过电
路处理后播出，使听者感到声音来自多个方位，产生仿真的立体声场。例如，战场模拟训练系
统中，当听到对手射击的枪声时，就能像在现实世界中一样准确且迅速地判断出对手的位置。

2）三维虚拟声原理

三维虚拟声实现的技术关键是营造出声源来自于四面八方的幻觉，这需要结合人体听觉系

统的生理特点以及心理声学的原理来对环绕声进行特定的处理。

以下是三维虚拟声应用到的人耳听音原理的几种效应。

（1）双耳效应。英国物理学家瑞利于1896年通过实验发现人的两只耳朵对同一声源的直达声具有时间差（0.44～0.5ms）、声强差及相位差，而人耳的听觉灵敏度可根据这些微小的差别准确判断声音的方向、确定声源的位置，但只能局限于确定前方水平方向的声源，不能解决三维空间声源的定位。

（2）耳郭效应。人的耳郭对声波的反射以及空间声源具有定向作用。借此效应，人可判定声源的三维位置。

（3）人耳的频率滤波效应。人耳的声音定位机制与声音频率有关，对20～200Hz的低音通过相位差定位，对300～4000Hz的中音通过声强差定位，对高音则通过时间差定位。据此原理可分析出重放声音中语言、乐音的差别，经不同的处理而增加环绕感。

（4）头部相关的传输函数。人的听觉系统对不同方位的声音产生不同的频谱，而这一特性可由头部相关的传输函数来描述。

总而言之，人耳的空间定位包括水平、垂直及前后方向。水平定位主要依靠双耳，垂直定位主要依靠耳郭，而前后定位及对环绕声场的感受依靠HRTF。虚拟杜比环绕声依据这些效应，人为制造与实际声源在人耳处一样的声波状态，使人脑在相应空间方位上产生对应的声像。

2.3.4　力触觉渲染

力触觉是除视觉和听觉之外最重要的感觉，是人类认识外界环境并与环境进行交互的重要手段。在用户与虚拟场景的交互之中加入力触觉类的交互，会使得虚拟环境变得更加逼真，它极大地增强了可视化场景的真实性。

1．人类的触觉系统

人类触觉系统的输入主要是由人体的感知系统提供的，感知系统中有众多的触觉传感器、本体感受器以及温度传感器等。

1）触觉传感器

人体的皮肤中共有4种触觉传感器：触觉小体、Merkel细胞小体、帕尼奇小体和鲁菲尼小体，这些传感器在受到触觉上的刺激时，会产生微小的放电现象，从而使得触感传到人体大脑。

人体的皮肤一般通过分辨触点的位置或接触的时间来区分多次接触。皮肤对触点位置感知的精细度取决于皮肤中传感器的密度，例如，指尖的传感器密度高于手掌的，所以指尖的触觉感知精细度高于手掌，因此手指能区分出距离更小的两个接触点。皮肤的机械性刺激感受器的连续感知极限仅为5ms，远远小于眼睛25ms的连续感知极限。因此皮肤无法区分在5ms时间间隔以内的多次接触。

2）本体感受器

本体感受是用户对自己身体位置和运动的感知。这是因为神经末梢位于骨骼关节中，感受器放电的振幅是关节位置的函数，它的频率对应于关节的速度。身体定位四肢的精确性取决于本体感受的分辨率，即能检测出的关节位置的最小变化。

　　肌肉运动知觉是对本体感受的补充，它能感知肌肉的收缩和伸展。这是由位于肌肉和相应的肌腱之间的高尔基腱以及位于单个肌肉中的肌梭实现的。

　　3）温度传感器

　　人体皮肤中的温度传感器能够对外界环境和物体的温度进行感知，并根据不同的温度产生大小不同的电流，传到大脑形成高低不同的温度感觉。

2. 力触觉反馈

　　力触觉反馈主要分为两类，即接触反馈（Touch Feedback）和力反馈（Force Feedback）。

　　1）接触反馈

　　接触反馈主要是指用户在虚拟环境中能够感知到虚拟对象接触表面的几何外形、纹理、硬度、光滑度和温度等物理属性信息。例如，可以在一个光滑的屏幕上摸到按钮有"凹槽""凸起"等触感，或是感知到某个虚拟物体的温度。

　　2）力反馈

　　力反馈主要指在与虚拟环境进行交互的过程中，用户产生一定的输入到虚拟环境中，例如用手抓握手柄等操作，虚拟现实系统会给出一定的力的作用的反馈。例如抓握手柄后会感受到反作用力，或是震动反馈的效果。图 2-19 为力反馈赛车方向盘，图 2-20 为外骨骼手套，两者都是常见的力反馈设备。

图 2-19　力反馈赛车方向盘

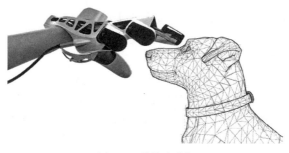

图 2-20　外骨骼手套

3）力反馈设备与接触反馈设备的区别

（1）接触反馈只需要产生"真实摸到实物"的感觉，但是力反馈要求能提供真实的力来阻止用户的运动，这样就需要使用更大的激励器和更重的结构，从而使这类设备更复杂、更昂贵。

（2）力反馈需要牢固地固定在某些支持结构上，以防滑动和可能的安全事故，如操纵杆的力反馈接口就是不可以移动的，它们通常绑定在桌子或地面上。

（3）力反馈具有一定的机械带宽，机械带宽表示用户（通过手指附件、手柄等）感觉到的力的频率和转矩的刷新率（单位为 Hz）。

2.4 增强现实、混合现实的相关技术

增强现实和混合现实的相关技术包括三维注册技术、标定技术和人机交互技术等。

2.4.1 三维注册技术

如果想让图像准确地叠加到真实环境中，就必须有很好的跟踪定位技术。为了实现虚拟信息和真实环境无缝结合，将虚拟信息正确地定位在现实世界中至关重要，这个定位过程就是注册（Registration）。三维注册技术在一定程度上决定了增强现实系统的性能优劣。

三维注册的目的是准确计算摄像机的姿态与位置，使虚拟物体能够正确地放置在真实场景中。三维注册技术通过跟踪摄像机的运动计算出用户当前的视线方向，根据这个方向确定虚拟物体的坐标系与真实环境的坐标系之间的关系，最终将虚拟物体正确叠加到真实环境中。因此，解决三维注册问题的关键就是要明确不同坐标系之间的关系。涉及的几个坐标系的概念描述如表 2-1 所示，增强现实系统中三维注册坐标系的关系如图 2-21 所示。

表 2-1　各坐标系的概念描述

坐标系名称	坐标系描述
世界坐标系	由于摄像机存在于真实世界中，因此需要使用一个基准坐标系来表示它和空间的任意点在真实世界中的位置，这个坐标系称为世界坐标系
图像坐标系	原点是光轴与成像平面的交点，X 轴与 Y 轴分别与摄像机坐标系的 X、Y 轴重合
摄像机坐标系	原点位于光学中心，Z 轴与光轴重合

目前在增强现实系统中应用的三维注册技术可以分为 3 类：基于硬件跟踪设备的注册技术、基于视觉跟踪的注册技术和基于混合跟踪的注册技术。

1. 基于硬件跟踪设备的注册技术

早期的增强现实系统普遍采用惯性、超声波、无线电波、光学式等传感器对摄像机进行跟踪定位。这些技术在虚拟现实应用中已经得到了广泛的发展。然而，这类跟踪注册技术虽然速度较快，但是大都采用一些价格昂贵的大型设备，而且容易受到周围环境的影响，比如超声波跟踪系统易受环境噪声、湿度等因素影响。这些设备无法满足增强现实系统所需的精确性和轻便性。除此之外，基于硬件跟踪设备的注册技术几乎不可以单独使用，通常与基于视觉的跟踪

注册技术结合起来实现稳定的跟踪。

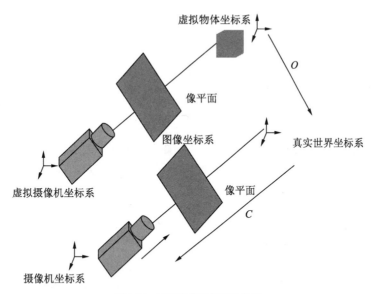

图 2-21　三维注册坐标系的关系

2. 基于视觉跟踪的注册技术

随着计算机视觉技术的不断发展，基于视觉跟踪的注册技术在增强现实系统中开始被使用，它通过计算机检测出摄像机拍摄的真实物体图像的特征点，并根据这些特征点确定所要添加的虚拟物体以及虚拟物体在真实环境中的位置等信息。其目的就是获取虚拟物体在真实场景中的位置，并实时地将这些位置信息输入展示模块，用以显示。近几年在增强现实研究中，国际上普遍采用的均为此类注册技术，主要分为基于人工标志点的注册技术和基于自然特征的视觉注册技术。

1）基于人工标志点的注册技术

基于人工标志点的注册技术需要在真实场景中事先放置一个标志物作为识别标志。通过这个识别标志，就可以快速地在复杂的真实场景中检测出标志物的存在，然后将虚拟场景注册在标志物所在的空间上。

一般检测中使用的标志物非常简单，可能是一个只有黑白两色的矩形方块，也可能是一种具有特殊几何形状的人工标志物。标志物上的图案包含着不同的虚拟物体，不同的标志物所包含的信息不同，提取标志物的方法也不同，所以应合理地选取人工标志物来提高识别结果的准确性。

当前已经有多个基于标志点进行跟踪注册的开发包，典型代表是 ARToolKit，由美国华盛顿大学与日本广岛城市大学联合开发，是一套基于标志点的增强现实系统开发工具，在国外比较流行。该系统的全部源代码都是开放的，可以方便地在各种平台编译配置，速度快、精度高、运行稳定，开发人员可也以根据需要设计形象的标志。由于该方法对已知标志的依赖性很强，因此当标志被遮挡的时候就无法进行注册，这也是它的不足之处。

基于标志点识别的增强现实发展较为成熟，通常是以底层的图像处理算法为基础来开发，包括阈值分割、角点检测、边缘检测、图像匹配等运算，同时也需要建立标志信息库，将每种标志与特定的相关信息进行对应。图 2-22 为基于人工标志点注册的增强现实系统的工作示意图，主要包括以下几个过程。

（1）采集视频流。用摄像机捕获视频，并导入计算机。

（2）标志物检测。获取视频流并对其进行二值化处理，目的是将可能的标志物区域和背景区域分隔，缩小标识的搜索范围；然后进行角点检测和连通区域分析，找出可能的标志物候选区域，便于下一步进行匹配。

（3）模板匹配。将标志候选区域与事先保存好的标志模板进行匹配。

（4）位姿计算。根据相机参数、标志物空间位置与成像点的对应关系，通过数学运算计算出标志物相对于摄像机的位置和姿态。

（5）虚实融合。绘制虚拟物体，根据摄像机位置和姿态将虚拟物体叠加到标志物的正确位置上，以实现增强效果并借助显示设备输出。

2）基于自然特征的视觉注册技术

由于基于人工标志点的注册技术要求在场景中放置标志点并且不允许有遮挡，否则可能导致跟踪注册失败，这在古遗址、古文物和大型建筑环境的应用中很难实现。而基于自然特征的视觉注册技术不需要人为指定标志点，依赖场景或图像的自然特征进行视觉注册。因此该技术非常依赖于对自然特征的高效识别与稳定跟踪，需要提取、识别场景中存在着的大量与真实场景有关的视觉信息，如点、线和纹理等。

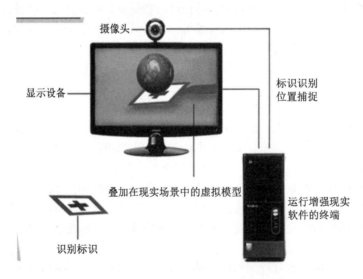

图 2-22　基于人工标志点注册的增强现实系统

基于自然特征的视觉注册技术避免了使用人工标志物所带来的局限性，给用户带来了更好的沉浸感，也是未来增强现实的主流发展趋势。

3. 基于混合跟踪的注册技术

基于混合跟踪的注册技术指在一个增强现实系统中采用两种或两种以上的跟踪注册技术，以此来实现各种跟踪注册技术的优势互补。综合利用各种跟踪注册技术，可以取长补短，产生精度高、实时性强的跟踪注册技术。

表 2-2 对 3 种注册技术从原理、优缺点上进行了比较。

表 2-2　3 种注册技术的比较

注册技术	原　　理	优　点	缺　　点
基于硬件跟踪设备的注册技术	根据信号发射源和感知获取的数据求出物体相对空间的位置和方向	系统延迟小	设备昂贵，对外部传感器的校准比较准，且受设备和移动空间的限制，系统安装不方便
基于视觉跟踪的注册技术	根据真实场景图像反求出观察者的运动轨迹，从而确定虚拟信息"对齐"的位置和方向	无须特殊硬件设备，注册精度高	计算复杂性高，造成系统延迟大；大多数都用非线性迭代，误差难控制，鲁棒性不强
基于混合跟踪的注册技术	根据硬件设备定位用户头部运动的位置和姿态，同时借助视觉安抚对配准结果进行误差补偿	算法鲁棒性强，定标精度高	系统成本高，系统安装烦琐，移植困难

2.4.2　标定技术

在增强现实系统中，虚拟物体和真实场景中物体的对准必须十分精确。当用户观察的视角发生变化时，虚拟摄像机的参数也必须随之进行调整，以保证与真实摄像机的参数保持一致。同时，还要实时跟踪真实物体的位置和姿态等参数，对参数不断进行更新。在虚拟对准的过程中，增强现实系统中的一些内部参数始终保持不变，如摄像机的相对位置和方向等，因此需提前对这些参数进行标定。

一般情况下，摄像机的参数需要通过实验与计算得到，这个过程称为摄像机定标。换句话说，标定技术就是确定摄像机的光学参数、集合参数、摄像机相对于世界坐标系的方位以及摄像机与世界坐标系的坐标转换。

计算机视觉技术通过对三维空间中目标物体几何信息的计算实现识别与重建，从而让摄像机获取真实场景中的图像信息。在增强现实系统中往往用三维虚拟模型作为模型信息与真实场景叠加融合，三维物体的位置、形状等信息是从摄像机获取的图像信息中得到的。摄像机标定技术是计算机视觉中至关重要的一个环节，其包含的内容涉及相机、图像处理技术、相机模型和标定方法等。对于用作测量的计算机视觉应用系统，测量的精度取决于标定精度对三维的识别与重建，标定精度则直接决定着三维重建的精度。

2.4.3　人机交互技术

增强现实技术的目标之一是实现用户与真实场景中的虚拟信息之间更自然的交互，因此人机交互技术成为了衡量增强现实系统性能优劣的重要指标之一。增强现实系统需要通过跟踪定位设备获取数据，以确定用户对虚拟信息发出的行为指令，对其进行解释，并给出相应反馈结果。

目前增强现实应用系统常使用以下 3 种方式来实现用户与系统之间的交互。

1. 基于传统硬件设备交互

键盘、鼠标、手柄等是增强现实系统中最早使用的交互模式，用户可以利用鼠标、键盘选中图像坐标系中的某一个点，如单击场景中某空间点加载虚拟物体，并对该点对应的虚拟物体做出旋转、拖动等操作，用户通过执行相应的命令或菜单项来实现交互。图 2-23 为手机上的一种增强现实游戏，通过屏幕可以在现实场景中看到虚拟物体。基于传统硬件设备的交互方式，最大的不足是不能给用户提供良好的交互体验，难以使用户体会身临其境的感觉。

2. 手势或语音交互

基于手势、语音的交互方式是近年来人机交互发展的主流方向。在这种交互方式中，手势和语音被当成人机交互接口，计算机捕捉用户的各种手势、动作或语音指令作为输入。这种交互方式更加直观、自然。微软的 HoloLens 眼镜（见图 2-24）上的深度摄像头可以提取人手的三维坐标、手势来操作交互界面上显示的三维虚拟物体或者场景。苹果推出的 Siri 和 Google 推出的 Google Now 通过语音实现交互，广受用户喜爱，表明人们青睐这种高科技的交互体验，这也使基于语音交互的增强现实系统上线成为可能。

图 2-23　增强现实手机游戏

图 2-24　HoloLens 手势交互

3. 其他交互技术

这种模式需要借助一些特别的工具，如标志、数据手套、定位笔等。例如，索尼出版的增强现实电子书 Magic Book 就是以特定的标志代替枯燥的文字，当用摄像头识别标志，即渲染出生动的动画和声音。图 2-25 中展示的是 MIT 大学的 Sixthsense 和微软开发的 Omnitouch 开发的一类便携式投影互动触摸技术。这种技术将操作菜单等可交互操作的画面投影到某一个平面内，当拨打电话的时候，直接将键盘投影到左手，右手按上面的虚点就能完成拨号，非常方便。

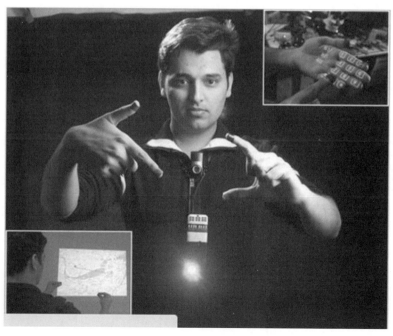

图 2-25　Sixthsense 人机互动系统

2.5　本章小结

本章主要从 4 个方面介绍虚拟现实系统核心技术。

（1）虚拟现实的技术结构。

（2）实物虚化技术。

（3）虚物实化技术。

（4）增强现实、混合现实的相关技术。

通过分析虚拟现实系统的主要工作流程，本章将虚拟现实技术概括为实物虚化与虚物实化两部分。实物虚化技术主要应用建模相关技术，本章介绍了几何造型建模与物理行为建模两种；虚物实化主要应用渲染相关技术，本章介绍了视觉绘制、并行绘制、声音渲染以及力触觉渲染 4 类技术。

除了上述两大类技术以外，本章还对增强现实、混合现实系统的实现所必需的三维注册、标定、人机交互等技术进行了介绍，完善了虚拟现实的技术结构。

第 3 章
虚拟现实系统的解决方案

　　虚拟现实系统是整个虚拟现实应用领域的基础，是展示虚拟现实应用内容的软硬件前提。虚拟现实系统是由不同的软硬件设备相互组合、相互作用而形成的。按照硬件平台的不同，可以把虚拟现实系统分为移动 VR、一体机 VR 和基于主机的 VR 三类。软件平台是虚拟现实系统的重要组成部分，分发和售卖 VR 应用的平台是促进虚拟现实系统向前发展的不竭动力。本章首先对虚拟现实系统中常用的硬件设备进行了分类，然后分别针对不同类别中的硬件设备做了详细的介绍，并列举不同类别中目前市场上常见的几种解决方案，最后针对目前常用的几种 VR 应用的分发和售卖平台进行详细的介绍。

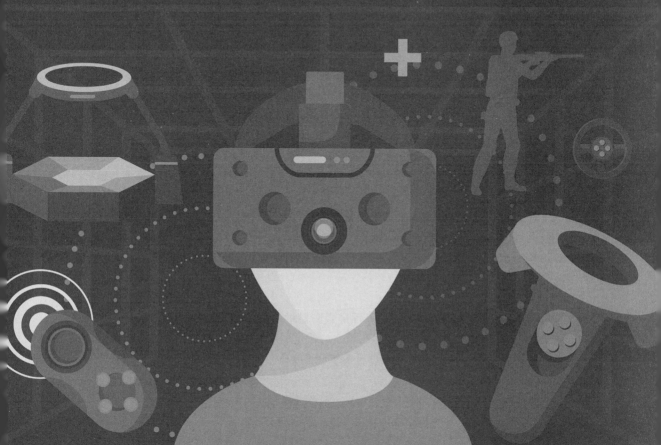

3.1　常用硬件设备

虚拟现实硬件是与虚拟现实技术领域相关的硬件产品，是虚拟现实解决方案中用到的硬件设备。现阶段虚拟现实系统中常用的硬件设备大致分为以下 4 类。

1. 建模设备

利用虚拟现实技术将数字图像处理、计算机图形学、多媒体技术、传感与测量技术、仿真与人工智能等多学科融为一体，为人们建立起一种逼真的、虚拟的、交互式的三维空间环境的设备。如三维扫描仪、全景相机等。

2. 三维视觉显示设备

利用实时三维计算机图形技术与广角（宽视野）立体显示技术，捕捉、跟踪观察者头、眼和手的动作，并将构建的图像呈现给观察者的设备。如三维展示系统、洞穴式 VR 系统（Cave Automatic Virtual Environment，CAVE）、头戴式立体显示器等。

3. 声音设备

给使用者呈现由计算机生成的、能由人工设定声源在空间中三维位置的三维声音，以及具有语音识别能力的设备。如三维声音系统、非传统意义的立体声系统等。

4. 交互设备

用于实现虚拟现实系统与使用者之间的交互的设备。如位置跟踪仪、数据手套、三维输入设备、动作捕捉设备、眼动仪、力反馈设备等。

3.1.1　建模设备

1. 三维扫描仪

三维扫描仪又称三维数字化仪或三维模型数字化仪，如图 3-1 所示。三维扫描仪是目前对实际物体进行三维建模的重要工具，能快速方便地将真实世界中立体彩色的物体信息转换为计算机可以识别处理的数字信号，是一种较为先进的三维模型建立设备，为实物的数字化提供了有效的手段。三维扫描仪分为两类：接触式三维扫描仪和非接触式三维扫描仪。接触式三维扫描仪精度较高，但体积巨大、价格昂贵，而且会对物体表面造成损伤。这些弊端极大地限制了其应用领域。非接触式扫描仪的一种典型代表是光学三维扫描仪，它可以利用三维光感应器来捕捉物体表面的自然光，然后利用双眼视差原理生成立体影像；也可以利用向物体表面投射特定的光来实现扫描成像。但光学三维扫描仪无法处理表面发光、有镜面效应或是透明的物体。三维扫描仪与传统的平面扫描仪相比有很大区别：首先，传统扫描仪的扫描对象是平面图案，而三维扫描仪的对象是立体实物；其次，三维扫描仪通过扫描可以获得物体的三维空间坐标，而且输出的是三维空间坐标，而传统扫描仪输出的是二维图像。

2. 全景相机

全景相机是可以拍摄 360° 全方位画面的摄影器材，是近几年来比较流行的三维建模设备。最近流行的全景相机大多拥有两个或多个镜头，或是利用连接装置将多台相机连接而成。其中一个典型的代表是美国 GoPro 公司的 Odyssey 全景相机，如图 3-2 所示。全景相机主要有两种不同的类型：一种是利用小视场角镜头或其他光学元件在运动中扫描物体，连续改变相机光轴指向，从而实现扩大横向幅度的全景拍摄，这种类型的全景相机的工作原理类似于智能手机中的全景拍照模式；另一种是采用大广角镜头或鱼眼镜头，通过视频拼接技术将多个广角或鱼眼镜头拍摄的画面合成最终的影像，这种全景相机分辨率高，幅宽可以达到360°全景，对后期拼接技术依赖较大，最终影像清晰度更高一些。

图 3-1　三维扫描仪

图 3-2　GoPro 公司的 Odyssey 全景相机

3.1.2　三维视觉显示设备

1. 双目全方位显示器

双目全方位显示器（Binocular Omni-Orientation Monitor，BOOM）是一种偶联头部的立体显示设备，是一种特殊的头部显示设备，如图3-3所示。BOOM 比较类似于一个望远镜，它把两个独立的阴极射线管（Cathode Ray Tube，CRT）显示器捆绑在一起，由两个相互垂直的机械臂支撑。这种设计可以让用户用手自由操纵显示器的位置，还能将显示器的重量加以巧妙的平衡而使之始终保持水平。在支撑臂上的每个节点都有位置跟踪器，因此 BOOM 和头戴式显示器（Head Mount Display，HMD）一样有实时的观测和交互能力。

图 3-3　双目全方位显示器

注：此图来源于 http://www.umich.edu/~vrl/intro/index.html。

2．CRT 终端——液晶光闸眼镜

　　CRT 终端——液晶光闸眼镜由 CRT 终端和液晶光闸眼镜组成，如图 3-4 所示。该设备工作过程如下：计算机分别产生左右眼的两幅图像，经过合成处理之后，采用分时交替的方式显示在 CRT 终端上。用户则佩戴一副与计算机相连的液晶光闸眼镜，镜片在驱动信号的作用下，将以与图像显示同步的速率交替开和闭，即当计算机显示左眼图像时，右眼透镜被屏蔽，显示右眼图像时，左眼透镜被屏蔽。根据双目视差和深度距离成正比的关系，人的视觉生理系统可以自动地将这两幅视差图像合成一个立体图像。

（a）CRT 终端　　　　　　　　　　　　　　　　　（b）液晶光闸眼镜

图 3-4　CRT 终端——液晶光闸眼镜

3．大屏幕投影——液晶光闸眼镜

　　大屏幕投影——液晶光闸眼睛由大屏幕和液晶光闸眼睛组成。其工作过程与 CRT 显示一

样，只是将分时图像 CRT 显示改为大屏幕显示，用于投影的 CRT 或者数字投影机要求极高的亮度和分辨率。洞穴式 VR 系统就是一种基于投影的环绕屏幕的洞穴自动化虚拟环境 CAVE，观察者置身于由计算机生成的世界中，并能在其中来回走动，从不同的角度观察它、触摸它或者改变它的形状，如图 3-5 所示。CAVE 投影系统是由 3 个面以上 (含 3 面) 硬质背投影墙组成的高度沉浸的虚拟演示环境，配合三维跟踪器，用户可以在被投影墙包围的系统中近距离接触虚拟三维物体，或者随意漫游"真实"的虚拟环境。

图 3-5　洞穴自动化虚拟环境 CAVE

4. 头戴式显示器

头戴式显示器又称头显，图 3-6 为 HTC Vive 头戴式显示器。头显是 VR 三维图形显示与观察设备，可以单独与主机相连接，接收来自主机的三维 VR 图形图像信号，借助空间跟踪定位器可以进行虚拟现实输出效果观察，同时观察者也可以在虚拟现实空间中做空间上的自由行走、旋转等，沉浸感极强。由于头显配备的显示器的虚拟现实观察效果逊色于虚拟三维投影现实，所以在投影式虚拟现实系统中，头戴式显示器作为系统功能和设备的一种补充和辅助。头显的原理将小型二维显示器所产生的影像借由光学系统放大，在观察者眼睛处实现三维立体显示。

图 3-6　HTC Vive 头戴式显示器

5．智能眼镜

智能眼镜是一种非常有创意的产品，可以直接解放使用者的双手，让使用者不需要一直手持设备，也不需要用手连续点击屏幕进行输入。智能眼镜配合自然交互界面，交互方式非常自然，使用者通过点头、摇头、自然语言和眼球活动等方式，就可以和智能眼镜进行交互。这种方式极大地提高了用户体验，使得操作起来更加自然顺畅。图 3-7 是 Microsoft HoloLens 智能眼镜。

图 3-7　Microsoft HoloLens 智能眼镜

3.1.3　声音设备

1．内置耳机

头戴式显示器的内置耳机是目前常用的声音输出设备，如图 3-8 所示。通过该设备，用户可以体验到虚拟现实系统独有的三维立体声。三维声音是由计算机生成的、能由人工设定声源在空间中的三维位置的一种合成声音。这种声音技术不仅要考虑人的头部、躯干对声音的反射所产生的影响，还需要对人的头部进行实时跟踪，从而实现虚拟声音随着人的头部运动产生相应的变化，得到逼真的三维听觉效果。

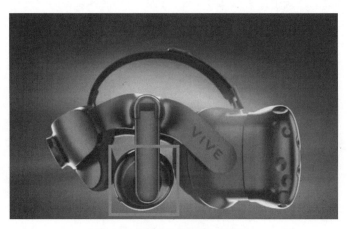

图 3-8　头戴式显示器的内置耳机

2. 内置麦克风

头戴式显示器的内置麦克风是目前常用的声音输入设备。虚拟现实系统可通过头戴式显示器的内置麦克风，利用语音识别技术实现与用户之间的语音交互。VR 语音识别指让计算机具备人类的听觉功能，实现人机以自然语言方式进行信息交换。实现这样的功能需要根据人类的发声机理和听觉机制，给计算机配上"发声器官"和"听觉神经"。使用者可以利用语言与计算机进行交互，就像从键盘输入命令控制计算机一样。

3.1.4　交互设备

1. 数据手套

数据手套是虚拟现实中常用的交互工具。数据手套配备有弯曲传感器，能把用户手部姿态准确实时地传递给虚拟环境，而且能够把与虚拟物体的接触信息反馈给用户，使得使用者能以更加直接、自然、有效的方式与虚拟世界进行交互，大大增强了互动性和沉浸感。同时也为使用者提供了一种通用、直接的人机交互方式，特别适用于需要多自由度手模型对虚拟物体进行复杂操作的虚拟现实系统。数据手套的表现形式有多种，目前常用的数据手套包括 Gloveone（NeuroDigital Technologies 公司，西班牙）、外骨骼手套、指夹和绑带组合等。

1）Gloveone 手套

Gloveone 是一双具备触觉反馈功能的手套，可以和 Oculus 公司（美国）发布的多款虚拟现实设备相互配合使用，它能模拟出真实的触摸体验，包括形状、重量、温度和力量，如图 3-9 所示。使用者感知的触感均来自遍布手掌和手指的 10 个"马达"，每个马达都可以通过产生振动来制造这些触感，由于使用者不可能在虚拟世界里真正触碰到物体，所以 Gloveone 实际上是利用不同频率和强度的振动来模拟真实触感。

图 3-9　Gloveone 手套

2）外骨骼手套

Dexmo 是 Dexta Robotics 公司（中国）研发推出的一款以机械捕捉作为其动作捕捉方案基础的动作捕捉器，如图 3-10 所示。从外观来看，Dexmo 是一款装备在手部的外骨骼手套。利用该设备搭载的即时力反馈技术，使用者不仅可以实现与 VR 环境的交互，还可以感受到 VR 环境物体的尺寸、形状、弹性和硬度。

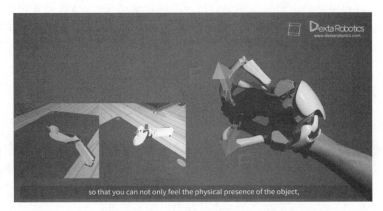

图 3-10 Dexmo 外骨骼手套

3）指夹

Tactai Touch 是 Tactai 公司（美国）研发的指夹形态的触觉模拟设备，如图 3-11 所示。Tactai Touch 可以利用振动波来模拟物体的质感。Tactai Touch 只需要在食指上佩戴一个，就可以模拟在虚拟环境中拿起物体的感觉。如果在每个手指上都佩戴一个，则能取得更加真实、精确的体验。

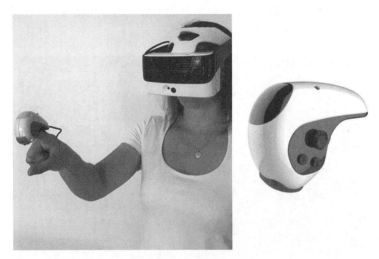

图 3-11 Tactai Touch 指夹

注：此图来源于 http://www.vrtalk.com/forum/showthread.php?4590-Tactai-Touch-Changing-The-Way-We-Feel-Things-in-Virtual-Reality。

4）绑带组合

Impacto 是由德国 Hasso Plattner 学院人机互动实验室的研究员 Pedro Lopes 发明的，如图

3-12 所示。Impacto 由两部分组成：一部分提供震动效果；另一部分则对使用者发送肌肉电刺激。两者结合，则可以模拟出撞击、推或拉的触感。

5）Myo 臂环与 Hapto

Myo 臂环是一个由 Thalmic Labs 公司（加拿大）研发而成的比较另类的手势控制器。Myo 是一个可穿戴臂环，可以检测使用者的手臂、手部和手指的运动，并在虚拟环境中进行可视化控制。Myo 臂环可以佩戴在任何一条胳膊的肘关节上方，臂带上的感应器可以捕捉到用户手臂肌肉运动时产生的生物电变化，从而判断用户的意图，再将计算机处理的结果通过蓝牙等设备发送给受控设备。Hapto 是由 Alexander Khromenkov（俄罗斯）发明的一种手持式手势控制器。不仅可以检测用户的动作，将动作信息传递给系统，同时还可以为虚拟环境交互提供触觉反馈。该控制器内部有 20 个按压器，与用户手掌进行接触，模拟 VR 中触摸物体的反馈。两种设备的外观如图 3-13 所示。

图 3-12　Impacto 绑带组合

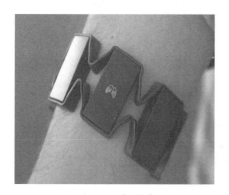

（a）Myo 臂环设备　　　　　　　　　　　　　　　　（b）Hapto 设备

图 3-13　两种设备的外观图

2. 数据衣

数据衣是为了使 VR 系统识别全身运动而设计的输入装置。它是根据数据手套的原理研制出来的，数据衣配备了许多触觉传感器，穿在身上，衣服里面的传感器能够根据身体的动作探测和跟踪人体的所有动作，可以检测出人的四肢、腰部等部位的活动，以及各个关节弯曲的角度。它能对人体大约 50 多个不同的关节进行测量，通过光电转换，将身体的信息传给计算机，从而进行图像重建。数据衣的典型代表是 Tesla Studios 公司（英国）发布的 Teslasuit。Teslasuit 是世界上第一款全身智能服装，如图 3-14 所示，其核心技术便是触觉反馈系统。VR 数据衣通过神经肌肉电刺激来模拟接触物体时遍布全身的多种感受，和风细雨与枪林弹雨都包含在触觉数据库中。

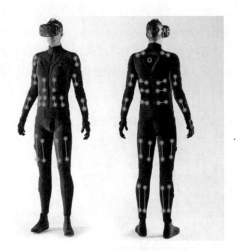

图 3-14　Teslasuit 数据衣

3. VR 背包

VR 背包就是一台高性能主机，如图 3-15 所示。VR 技术所带来的全新视听感受让人们耳目一新，但目前使用的基于主机的 VR 仍然摆脱不了连接在主机上的数据线的困扰，为了使这根数据线"消失"，使用户体验更加自由的 VR，VR 背包应运而生。VR 背包实质上就是一台可以移动的个人计算机。它在保证 VR 体验的同时让用户可以自由活动，不再受数据线长度的限制，这一点将 VR 体验提升了一个档次。VR 背包使用户在游戏中大范围移动成为可能。

图 3-15　微星 VR One 背包

4．VR 手柄

VR 手柄是目前主流的人机交互设备，便捷性、高效性使其深受各大 VR 厂商的喜爱。目前比较契合 VR 操控的主流控制器大致包括 WII 手柄、Vive 控制器、Oculus Touch、PS Move 等。

1）WII 手柄

WII 是日本任天堂公司 2006 年 11 月 19 日推出的家用游戏主机，而 WII 手柄是 WII 游戏主机在游戏中用到的控制器，如图 3-16 所示。WII 手柄是一种比较古老且用户量较大的 VR 手柄。该手柄利用了体感交互技术。用户可以拿着 WII 手柄站在体感设备前，直接使用肢体动作与周边的虚拟环境进行互动。如果将用户的手部动作直接对应于虚拟环境中人物角色的反应，便可让用户得到身临其境的体验。

图 3-16　WII 手柄

2）Vive 控制器

Vive 控制器是由 HTC 公司推出的一款 VR 手柄，其外观似头重脚轻的哑铃，顶端采用了横向的空心圆环设计，上面布满了用于定位的凹孔，握持时拇指所在的方向有一个可供触控的圆形面板，食指所在的方向上有两阶扳机，如图 3-17 所示。出色的定位能力是 Vive 的杀手锏之一，Lighthouse 技术的引入能使定位误差缩小到亚毫米级。同时激光定位也是排除遮挡问题的最好解决方案。虚拟现实场地对角的两个发射器通过垂直和横向的扫描，就能构建出一个"感应空间"。而设备顶端诸多的光敏传感器，能帮助计算单元重建一个手柄的三维模型。Vive 控制器在满电状态下可以独立运行 4 小时，已经能够满足基本的使用需要。

图 3-17　Vive 控制器

3）Oculus Touch

Oculus Touch 是 Oculus 公司推出的一款 VR 手柄，其采用了类似于手环的设计，允许摄像机对用户的手部进行追踪，传感器也可以跟踪手指的运动，同时还可以为使用者带来便利的抓

握方式。如图 3-18 所示。Oculus Touch 不仅体积小，而
且控制器的重心也非常接近于手部的自然重心。在移动和
操纵控制器时，交互更加自然。这款手柄更精细和紧凑的
设计也意味着虚拟世界中两只虚拟手可以更加紧靠在一
起，而且挥动手臂时，手柄撞到头显的概率也更小。

图 3-18　Oculus Touch

4）PS Move

PS Move 是索尼公司推出的新一代体感设备，全称为
PlayStation Move 动态控制器，它和 PlayStation3 USB 摄
影机结合，可以创造全新游戏模式。PS Move 不仅会辨别
上下左右的动作，还可以感应手腕的角度变化。所以无论是运动般的快速活动还是用画笔绘画
般纤细的动作都能在 PS Move 中一一重现。PS Move 也能感应空间的深度，可以提供极强的沉
浸感，如图 3-19 所示。

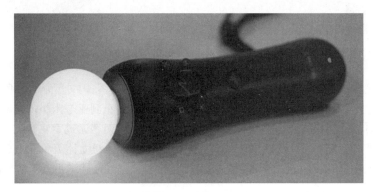

图 3-19　PS Move

5. 手势输入设备

手势输入设备用于识别用户的手势，并将其转换为虚拟现实系统可以识别的信息传递给系
统，从而使系统可以根据用户的手势来进行一系列的运算。其中典型的是美国 Leap 公司生产
的 Leap Motion。除此之外，还有多种不同的手势输入设备。

1）Leap Motion

Leap Motion 手势识别设备是基于计算机视觉的手势识别设备的典型代表，如图 3-20 所示。
该类产品无需外设、不需要穿戴任何设备，使用灵活轻便，用途广泛。

2）eyeSight

eyeSight 是一家为平板电脑研发专有的手势识别
技术的以色列科技公司。该公司研发的手势识别技术
可以把使用者的手势运动转化为实时的虚拟动作，从
而带来基于手势的虚拟现实体验，如图 3-21 所示。
关 于 eyeSight 的 更 多 信 息 见 http://www.eyesight-tech.
com/。

图 3-20　Leap Motion 手势识别设备

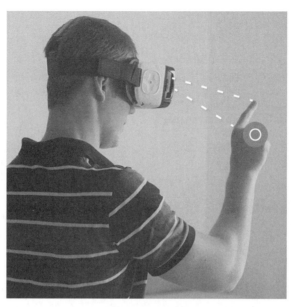

图 3-21　eyeSight 手势识别

6．动作捕捉设备

动作捕捉设备是虚拟现实系统中用于记录和处理用户动作信息的设备。目前常见的动作捕捉设备分为基于计算机视觉的动作捕捉设备、基于马克点（Marker Point）的光学动作捕捉设备、基于惯性传感器的动作捕捉设备等 3 类。

1）基于计算机视觉的动作捕捉设备

基于计算机视觉的动作捕捉设备由摄像机构成。该设备在进行人体动作捕捉和识别时，利用少量的摄像机对监测区域的多目标进行监控，精度较高。同时，被监测对象不需要穿戴任何辅助设备，约束性小，如图 3-22 所示。该类动作捕捉设备具有代表性的产品分别为捕捉身体动作的 Kinect（Intel 公司，美国）、捕捉手势的 Leap Motion（Leap 公司，美国）和识别表情及手势的 RealSense（Intel 公司，美国）。

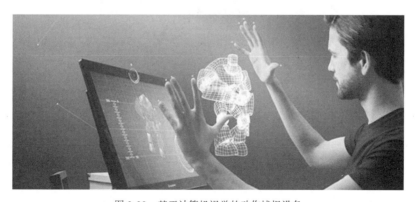

图 3-22　基于计算机视觉的动作捕捉设备

2）基于马克点的光学动作捕捉设备

基于马克点的光学动作捕捉设备由马克点和动作捕捉相机构成。该设备进行工作时需要在运动物体的关键部位（如人体的关节处等）粘贴马克点，多个动作捕捉相机从不同角度实时探测马克点，数据实时传输至数据处理工作站，根据三角测量原理精确地计算马克点的空间坐标，再利用生物运动学原理解算出骨骼的六自由度运动，如图 3-23 所示。该类设备具有代表性的产品是美国魔神公司推出的 Motion Analysis。

图 3-23　基于马克点的光学动作捕捉设备

3）基于惯性传感器的动作捕捉设备

基于惯性传感器的动作捕捉设备集成了加速度计、陀螺仪和磁力计等惯性传感器。该设备进行工作时，通过惯性传感器记录用户在完成不同动作时产生的数据，然后利用算法处理不同的数据，从而实现动作的捕捉，如图 3-24 所示。该类设备具有代表性的产品是诺亦腾公司（中国）开发的 Perception Neuron。

图 3-24　基于惯性传感器的动作捕捉设备

7. 位置信息输入设备

位置信息输入设备用于记录用户的位置信息，并将其转换为虚拟现实系统可以识别的信息传递给系统。根据使用的定位技术不同，可以将位置信息输入设备分为 3 类。

1）基于激光定位的位置信息输入设备

基于激光定位的位置信息输入设备的典型代表是 HTC 公司专门为 HTC Vive 开发的 Lighthouse。该设备依靠激光和光敏传感器来确定运动物体的位置，通过在虚拟现实系统场地空间对角线上安装两个约 2 米高的"灯塔"，灯塔每秒能发出 6 次激光束，灯塔内有两个扫描模块，分别在水平和垂直方向轮流对空间发射激光扫描来定位空间。

HTC Vive 的头戴式显示器和两个手柄上分别安装有多达 70 个光敏传感器，不同的光敏传感器通过计算接收激光的时间来得到传感器相对于激光发射器的准确位置，利用头显和手柄上不同位置的多个光敏传感器来得出头显、手柄的位置和方向，如图 3-25 所示。

图 3-25　HTC Vive—Lighthouse

2）基于红外光学定位的位置信息输入设备

基于红外光学定位的位置信息输入设备的典型代表是 Oculus 公司开发的 Oculus Rift。Oculus Rift 采用了主动式红外光学定位技术，其头显和手柄上放置的是可以发出红外光的"红外灯"，然后利用两台加装了红外光滤波片的摄像机进行拍摄，随后再利用程序计算得到头显、手柄的空间坐标。另外 Oculus Rift 上还内置了九轴传感器，其作用是当红外光学定位发生遮挡或者模糊时，能利用九轴传感器来计算设备的空间位置信息，从而获得更高精度的定位，如图 3-26 所示。

3）基于可见光定位的位置信息输入设备

基于可见光定位的位置信息输入设备的典型代表是索尼公司的 PS VR。PS VR 采用了可见光定位技术，摄像头捕捉 PS VR 头显上发出的蓝光，从而计算位置信息。两体感手柄则分别带有可发出天蓝色和粉红色光的灯，之后利用双目摄像头获取到这些灯光信息后，计算出光球的空间坐标，如图 3-27 所示。

（a）红外光学定位   （b）Oculus Rift

图 3-26　基于红外光学定位的位置信息输入设备

图 3-27　PS VR

3.2　移动 VR

移动 VR 指利用手机作为计算设备，用户通过专用的 VR 眼镜看到虚拟现实画面。移动 VR 的特点在于无须连接其他外部计算设备，只依赖于手机，这使得 VR 具有了移动性，用户不会被困在某一个固定的区域内。同时，移动 VR 还具有小型化，不依赖外部大型设备的特点，移动 VR 头显上也没有其他的计算单元，使得用户可以随身携带，更加便捷的同时还极大地降低了 VR 系统的成本。但由于手机本身的硬件及计算能力的限制，使得移动 VR 的画面分辨率低、延迟高、沉浸感较差，相对其他的 VR 系统来说用户体验还有一定差距。目前几种主流的移动 VR 产品有谷歌 Cardboard、谷歌 Daydream View、三星 Gear VR、暴风魔镜等。

3.2.1　谷歌 Cardboard

Cardboard 最初是谷歌公司法国巴黎部门的两位工程师 David Coz 和 Damien Henry 的创意。他们利用谷歌"20% 时间"规定，花了 6 个月的时间，打造出来这个实验项目，意在将智能手机变成一个虚拟现实的原型设备，如图 3-28 所示。

　　Cardboard 是一个纸盒形状的设备，纸盒内包括了纸板、双凸透镜、磁石、魔力贴、橡皮筋以及 NFC 贴等部件。按照纸盒上面的说明，几分钟内就组装出一个看起来非常简陋的玩具眼镜。凸透镜的前部留了一个放手机的空间，而半圆形的凹槽正好可以把脸和鼻子埋进去。

图 3-28　Cardboard

　　Cardboard 只是一副简单的 3D 眼镜，但这个眼镜加上智能手机就可以组成一个虚拟现实设备。要使用 Cardboard，用户还需要在 Google Play 商店里搜索下载 Cardboard 应用。

　　目前 Cardboard 应用兼容的设备包括谷歌 Nexus3、Nexus4 和 Nexus5 三代机型、三星 Galaxy S4 和 Galaxy S5 以及摩托罗拉 Moto X。部分兼容机型包括 HTC One、摩托罗拉 Moto G 及三星 Galaxy S3，但无法使用磁石来进行输入。这些设备必须安装 Android 4.1 以上系统，支持近距离无线通信（Near Field Communication，NFC）功能。

3.2.2　谷歌 Daydream View

　　谷歌公司为配合 Daydream 平台推出了 Daydream VR 头盔（Daydream View）和控制器。Daydream View 是之前纸壳版 Cardboard 的替代品，整体做工大幅提高。它使用了更软的纤维材质来提升佩戴的舒适度，同时对戴眼镜的使用者也有很好的兼容性，如图 3-29 所示。谷歌推出的控制器前面板仅有一个触控板和两个按键，机身上的两个按键，一个是用于返回 Daydream 主页的 Home 键，另一个是开发者自定义键，供开发者根据开发应用的功能需要设置按键功能。谷歌推出的控制器的功能也不同于内置运动传感器，使用者既可以使用它进行点选操作，也能在 VR 世界里挥舞它。

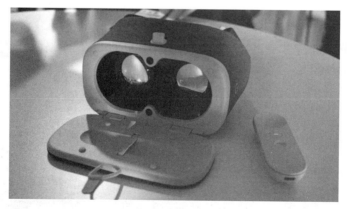

图 3-29　Daydream View

　　2017 年谷歌对 Daydream View 进行了升级并发布了新一代 Daydream View，如图 3-30 所

示。新款 Daydream View 的机身表面带有纹理，像画布一样，头带更紧，内衬也更软更舒适。Daydream View 用来放置手机的镁合金底板，现在也可以作为散热片使用。

新款 Daydream View 最大的特点是在视野上拓宽了 10°，能让用户看到更多的内容，同时改进了老款 Daydream View 的侧边和鼻梁部分存在缝隙而导致的漏光问题。新款机型几乎没有一丝漏光，即使存在缝隙用户也可以通过细微调节覆盖所有缝隙。新款 Daydream View 的重量有所增加，虽然这对舒适度有略微影响，但 Daydream 依然是目前舒适性最好的移动 VR 头盔之一。

目前，Daydream View 所支持的手机共有 12 款，包括 Pixel、Pixel XL、Pixel 2、Pixel 2 XL、三星 Galaxy S8、Galaxy S8 Plus、Galaxy Note 8、LG V30、Moto Z Force、Moto Z2 Force、华硕 Zenfone AR、华为 Mate 9 Pro 和中兴 Axon 7。

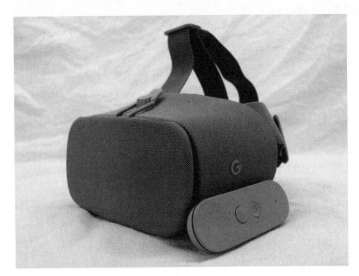

图 3-30　新一代 Daydream View

此外谷歌也正在开发 VR 一体机。在 2017 年 5 月 18 日凌晨召开的谷歌 I/O 开发者大会上，谷歌公布了他们在虚拟现实和增强现实上的新进展：谷歌宣布和高通合作推出一款 VR 一体机参考设计标准。未来第三方企业可以根据此标准开发具有 inside-out 定位追踪功能的 Daydream VR 一体机。

3.2.3　三星 Gear VR

Gear VR 是由 Samsung 公司推出的一款 VR 头戴式显示设备，支持 USB Type-C 接口，实现了与手机的模块化连接，外观采用了全黑的配色，如图 3-31 所示。头盔的左边印有 Gear VR 和 Oculus 的标志，头盔的右边是触控板。触控板上面配备了返回键，前面的上下按钮则是音量键。

图 3-31　三星 Gear VR

Gear VR 的触控板整体做了一个凹下处理，给出了手指滑动路线的引导指示。对于近视或远视的用户来说，可以通过调节位于头盔上方的滚轮来获得更清晰的观感。Gear VR 的两个镜片之间配有光线传感器，戴上眼镜之后可以自动启动应用程序。micro-USB 接口位于头盔下方，方便用户佩戴时充电。

3.2.4　暴风影音——暴风魔镜

暴风魔镜是暴风影音发布的一款硬件产品，是一款移动式 VR 头戴式显示设备。2014 年 9 月 1 日，暴风影音公司（中国）在北京召开主题为"离开地球两小时"的新品发布会，正式发布了暴风魔镜，如图 3-32 所示。暴风魔镜在使用时需要配合专属魔镜应用，可实现在手机上体验巨幕电影（Image Maximum，IMAX）效果，普通的电影也可实现影院观影效果。

图 3-32　暴风魔镜

3.3　VR 一体机

VR 一体机是指具备了独立运算、输入输出功能的 VR 头显。通常配备了独立处理器、显卡和存储。因此 VR 一体机既具有移动 VR 没有连线束缚、使用方便、自由度高的优点，同时得益于其专门针对虚拟现实应用进行优化的专用软硬件设备，相较于移动 VR，VR 一体机可以提供更强大的运算能力、更高的分辨率、更低的延迟，增强了沉浸感，提供了更好的用户体验。但是由于 VR 一体机集成了独立处理器及其他硬件单元，所以整个头显的重量会有所增加，同时价格也更加昂贵。目前几种流行的 VR 一体机产品有 HTC Vive Focus、微软 HoloLens、Magic Leap One、三星 Exyons VR Ⅲ、Pico Neo 等。

3.3.1　HTC Vive Focus

2017 年 11 月 14 日，HTC Vive 在 Vive 开发者峰会上正式发布了全新的 VR 一体机——Focus，如图 3-33 所示。Vive Focus 搭载 Qualcomm 骁龙 835 处理器。同时还配有 3K 分辨率、75Hz 刷新率的高清 AMOLED 屏幕，拥有 110°视场角（FOV）。采用 Inside-Out 技术，头显支持六自由度，用户的前进、后退、站起、蹲下等运动行为都能被追踪和检测到。Focus 的显示效果毫不逊色于个人计算机端的 HTC Vive 和 Oculus Rift，视场角与 HTC Vive 接近，在某些画面渲染甚至有一定的优势。在剧烈摇晃、快速下蹲的情况下屏幕也不会有明显的延时和卡顿。从显示效果来看，Vive Focus 比 Gear VR 更胜一筹。产品支持 MicroSD 卡扩展存储容量，并可通过 USBType-C、WiFi 或蓝牙实现与更多设备或配件互联。

Vive Focus 拥有蓝、白两种机身，正面与侧面过渡十分自然流畅，具有很强的一体性。正面搭载着两个小型的传感器，用于实现 Inside-Out 追踪。除此之外，便是摄像头上方的散热孔，从图 3-33 上可以看出散热孔大小适中，在保持美观的同时也实现了有效散热。在头显上方，是头显的开机键以及一个内存卡卡槽。在佩戴上，Focus 可谓是独树一帜。Focus 一体机的固定头部的部分没有使用 Vive PC 头显那样略显"笨拙"的绑带设计，而是做成了类似于头箍的设计。非常巧妙的是，Focus 的头带是可以上下翻转的设计，只需要戴上头盔从脑后一拉就可以戴上设备，摘下的时候也只需要把头带向上推，摘戴非常的方便。在佩戴的舒适度上，Vive Focus 也做了相应的优化，一方面产品重量较小，另外一方面，还配备了防溅水的内衬，透气性比较好，长时间佩戴也不会有不舒服的感觉。

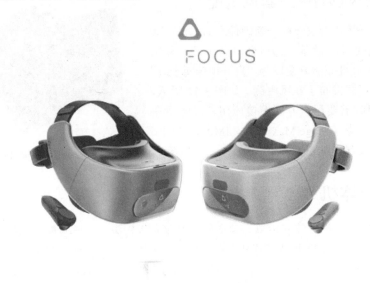

图 3-33　HTC Vive Focus

3.3.2　微软 HoloLens

2015 年 1 月 22 日，微软公司推出 HoloLens 全息影像头盔，HoloLens 如图 3-34 所示。无须线缆连接、无须同步计算机或智能手机，可以完全独立使用。

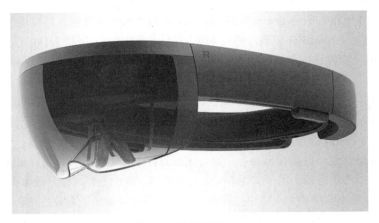

图 3-34　微软 HoloLens

HoloLens 头盔有两个主要部分：一个是扣紧的黑色塑料头带；另一个是个外延头带，用来绑住护目镜或镜头。在 HoloLens 头箍后面有个旋钮，旋转可以调节头箍松紧程度。右边是两个很小的音量控制按键。佩戴眼镜并不影响使用 HoloLens。头箍上在耳朵附近位置有一个红色的音响口，因为离佩戴者耳朵比较近，所以在外人听起来很小的声音，在使用者耳边仿佛真人讲话一般，非常自然。

HoloLens 上使用了多个深度镜头和光学镜头，采集回来的数据直接在应用端进行处理，由 Intel 公司的最新 Atom 处理器制作出影像，并以 60 帧 / 秒的速率输出，投影到用户的视网膜上。而前面深色玻璃的作用是过滤外部的光线，并没有输入和输出的效果。

3.3.3　Magic Leap——Magic Leap One

2017 年 12 月 Magic Leap 公司推出了 Magic Leap One。Magic Leap One 由 3 部分构成，分别为 Lightwear 头显、内含处理器的 Lightpack 和拥有 6 个自由度的手持遥控器 Control。Lightwear 头显需要配合 Lightpack 才可以工作，Lightpack 内含处理器和图形单元，可以放置在用户身边的夹式包装中。Magic Leap One 拥有数字光场、视觉感知、持续对象、声场音频、高性能芯片组和下一代界面等特性。

Magic Leap One 看起来更像是一副复古的黑色智能眼镜，而不是那些笨重的 VR 设备，如图 3-35 所示。Magic Leap One 镜片采用了圆形设计，环形头箍向上弯曲，不借用头顶即可固定头部。Magic Leap One 的视场角在 50° 以上。发布的开发者版本包含了 4 个麦克风阵列，它可以重建声场，能够提高语音识别准确性，通过精准的发声源辨识来分清语音究竟是佩戴者说的，还是旁边的人说的。最后，配以高质量的立体声喇叭，可以实现听觉的混合现实体验。

图 3-35　Magic Leep One

交互方面，用户不仅可以通过手势识别来完成指令，还可以通过头部位置的识别、语音识别以及眼动追踪来实现交互。目前发布的开发者版本是分体式的设备，除了 Magic Leap 头显，还有一个手柄控制器。其中控制器的圆形塑料位是一个具有六自由度运动感应（6DoF）的触摸板，这是一个交互上显著的进步。

3.3.4 三星 Exyons VR Ⅲ

2017 年 6 月三星公司推出了一体机 VR——ExyonsVR Ⅲ。三星 Exyons VR Ⅲ采用了三星自主生产的 Exyons 处理器，它的视场角为 100°，显示延迟可以达到 17ms 以下，最重要的是还有超大容量的电池（5000mA·h）。Exyons VR Ⅲ一体机采用的是 TFT LCD 屏幕，而非 OLED 屏幕，如图 3-36 所示。

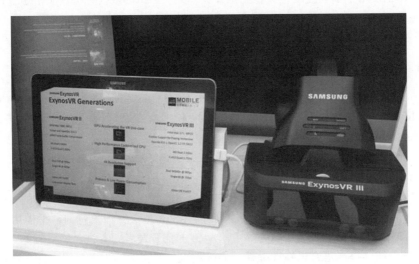

图 3-36　三星 Exyons VR Ⅲ

Exyons VR 是一款一体式 VR 头盔，眼睛跟踪功能由 Visual Camp 开发，并且已经被优化，以用于移动 VR。眼睛跟踪提供了"移动渲染"的选项，这种技术通过识别眼睛聚焦，并以高分辨率渲染该区域，而非眼睛聚焦区域的部分则会以低的分辨率进行渲染，这种"移动渲染"技术能够有效地降低处理的计算量，提高系统的整体效率。

这款最新的 Exyons VR Ⅲ一体机有 8 个显著的功能，分别为眼球追踪、虚拟现实 / 增强现实视频透视、6DoF SLAM 定位追踪、手势识别、无线手柄、语音识别、情绪识别和 3D 音频。

3.3.5 Pico Neo

2017 年 12 月 Pico 公司发布了全球首款实现量产的头手六自由度一体机——Pico Neo，如图 3-37 所示。

硬件配置方面，Pico Neo 搭载了高通骁龙 835 移动 VR 平台、4GB 高速内存、64GB UFS2.0 存储以及 3K 高清显示屏，并支持 256GB 扩展存储。得益于骁龙 835 的出色性能及完善的超声波技术，Pico Neo 无须任何外部传感器，即可完成对头部和双手运动的追踪，是全球首款同时实现头部和手部六自由度追踪及交互的量产 VR 一体机。同时，Pico Neo 也是首款接入 ViveWAVE VR 开放平台的第三方

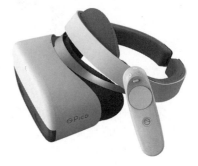

图 3-37　Pico Neo

产品，并将预置 VivePORT 开放内容平台，为使用者带来全球领域内的高品质 VR 内容。

Pico Neo VR 头盔及配套手柄使用起来十分方便，开机戴上头盔进入 Pico UI 系统主界面后，6DoF 功能便开始扫描周围环境，连接体感手柄，进行位置和姿态校准，调整正方向，完成标定。体验者可以轻松地在虚拟世界中完成空间位移、躲避攻击、双手协同操作等相对复杂的游戏动作，游戏过程很少出现卡顿和丢帧的情况。

3.4　基于主机的 VR

基于主机的 VR 是将主机（通常是 PC 或者 PS、Xbox 等游戏主机）作为独立的运算单元，通过数据线的连接，将运算结果传输给 VR 头显，进而呈现给用户。基于主机的 VR 可以利用主机强大的计算能力来完成虚拟现实场景构建，人机交互处理等大量的计算任务。相比于 VR 一体机，由于主机强大的计算性能优势，基于主机的 VR 可以提供更流畅、更清晰的画面，更加深度的沉浸感。但基于主机的 VR 工作时往往需要通过数据线将主机与头显连接起来，受到数据线的限制，用户只能在固定的范围内活动，灵活性较差。目前几种主流的基于主机的 VR 产品为 HTC Vive、Oculus Rift、索尼 Project Morpheus。

3.4.1　HTC Vive

HTC Vive 是由 HTC 与 Valve 公司联合开发的一款 VR 头戴式显示器产品，于 2015 年 3 月在 MWC 2015 上发布，如图 3-38 所示。由于有 Valve 的 SteamVR 提供的技术支持，因此在 Steam 平台上已经可以体验利用 Vive 功能的虚拟现实游戏。2016 年 6 月，HTC 推出了面向企业用户的 Vive 虚拟现实头盔套装——Vive BE（即商业版），其中包括专门的客户支持服务。

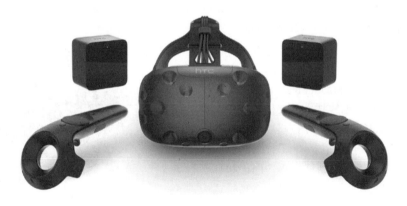

图 3-38　HTC Vive 产品

HTC Vive 通过以下三个部分致力于给使用者提供沉浸式体验：一个头戴式显示器、两个单手持控制器、一个能于空间内同时追踪显示器与控制器的定位系统（Lighthouse）。在头显上，HTC Vive 开发者版采用了一块 OLED 屏幕，屏幕的画面刷新率为 90Hz，单眼有效分辨率为 1080×1200，双眼合并分辨率为 2160×1200。2K 分辨率大大降低了画面的颗粒感，用户几乎感觉不到纱门效应，并且能在佩戴眼镜的同时戴上头显，即使没有佩戴眼镜，400°左右近视依然能清楚看到画面的细节。

控制器定位系统 Lighthouse 采用的是 Valve 的专利，它不需要借助摄像头，而是靠激光和光敏传感器来确定运动物体的位置，可以允许使用者在一定范围内走动。

Vive 有两个运动控制器（手柄），充电口是标准的 microUSB。运动控制器由一个圆形可点按触摸板构成，在上面有一个触发按钮，使用食指可以方便地控制，如图 3-39 所示。Vive 手柄使用光滑材料，触摸感优秀。用线将计算机和头盔连接起来，Vive 就可以开始工作了。

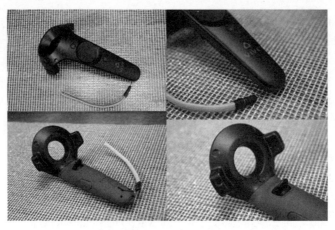

图 3-39　Vive 运动控制器

在初代 Vive 推出 2 年后，HTC 在 2018 年国际消费电子展（CES 2018）上推出了最新款的 Vive Pro，如图 3-40 所示。相比于 Vive，Vive Pro 在硬件上有了很大的升级。首先，Vive Pro 专业版的单眼有效分辨率为 1440×1600，双眼合并分辨率为 2880×1600，比 Vive 分辨率提高了 78%。此外，Vive Pro 采用 Hi-Res 音质头戴式设备 +3D 立体空间音效，采用了 SteamVR 追踪技术。Vive Pro 还采用英特尔 WiGig 无线技术，突破了线缆束缚，移动更加自如，极大地提高了用户体验感。最后 Vive Pro 还优化了人体工学设计，升级的面部和鼻部衬垫能阻挡更多外来光线，提高沉浸感。面部和鼻部衬垫采用了全新泡棉材质，并经过改进，提高了适应性和佩戴的舒适性。

图 3-40　Vive Pro 产品

3.4.2　Facebook——Oculus Rift

Oculus Rift 是一款 VR 头戴式显示设备，配备头部运动跟踪传感器。设备包裹在头部，无须手部操作。这是一款依附在计算机上的外围设备，支持 MAC、Linux 和 Windows 等操作系统 (台式计算机或者笔记本电脑)，通过一根电缆连接到计算机上。目前该设备尺寸较大，但是已经设计出了新的模型。

历代 Oculus Rift 设备演化过程如图 3-41 所示。

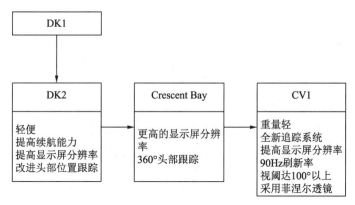

图 3-41　历代 Oculus Rift 设备演化过程

1. DK1

2012 年夏天，Oculus VR 推出 DK1。DK1 是第一代 Oculus Rift，设备外观比较笨重，超过 0.33kg，对角线长度约为 18cm，使用时舒适性较差。除了有两条线缆，它还带有一个额外的控制盒。一条线缆用于通过 USB 接口连接头部运动跟踪器，另一条线缆用于传送来自计算机的视频信号。图 3-42 为 DK1 的外观。

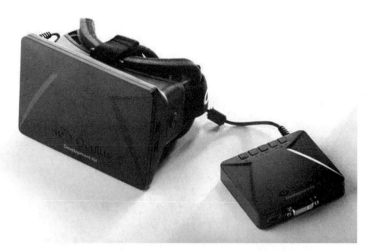

图 3-42　最初的 Oculus VR 开发套件 DK1

DK1 分辨率为 1280×800，属于低分辨率设备。该显示器具有超过 90°的水平视阈，这对于模拟真实世界中的视阈体验非常重要。头部跟踪装配的惯性测量单元（IMU）可以达到 250Hz。

尽管 DK1 的分辨率很低，但是其广阔的视阈和快速的头部跟踪响应使其成为第一款具备实际意义的低成本虚拟现实头盔。

2. DK2

2014 年春天，Oculus VR 发布了第二个版本的头戴式显示器，如图 3-43 所示。DK2 仍然很大，覆盖了人脸的大部分。但是较 DK1，它更轻便且外形美观。头盔上只连接一根电缆，这根电缆分成 HDMI 和 USB 接口，分别用于连接视频端口和 USB 端口。

图 3-43　DK2

DK2 提升了前一代的续航能力，拥有 1920×1080 分辨率的显示屏。除了显示屏的改进，DK2 的一项最主要的改进是头部位置的跟踪。它不仅允许用户环顾四周，还允许其在虚拟场景内移动——向前向后、从一边到另一边、向上向下。然而，使用位置跟踪器要求用户必须处于安装在计算机上的跟踪相机的前面，这就意味着用户需要待在计算机附近的一小块区域内。当用户面对相机时，头部跟踪才有效。

3. Crescent Bay

第三代 Oculus Rift 开发版被称为 Crescent Bay。Crescent Bay 在功能上更为强大，并且在设计上也有了较大的提升，它拥有更高的分辨率和 360° 头部跟踪，这意味着用户没必要一直看着位置跟踪相机，在设备的后面也安装了位置传感器。图 3-44 展示了 Crescent Bay 的外观。

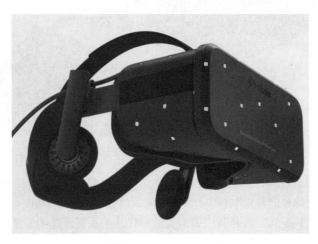

图 3-44　Crescent Bay

4. CV1

CV1 是最新的 Oculus Rift 消费者版，如图 3-45 所示。这款头显非常轻，外部材料采用化学纤维。Rift 设备上带有一个新开发的追踪系统，追踪头显位置，且低延时。该追踪系统还被用到了 Oculus Touch 中，Oculus Touch 是一种新型的输入设备，能够让用户在虚拟世界中用手操控对象。该设备配备了一套集成耳机。

图 3-45　CV1

硬件参数上，首次将分辨率提高到了 2160×1200 的水平，并将刷新率提高到了 90Hz，避免了使用者短时间内可能会遇到的眩晕感。视阈也达到了 100°以上。使用的目镜并不是普通的凸透镜，而是一面光滑，另一面分布着大大小小的同心圆的菲涅尔透镜。因为普通凸透镜在透镜边缘处容易出现模糊、扭曲或亮度不足的情况，菲涅尔透镜是一个效果更好，同时成本更低的选择。

3.4.3　索尼 Project Morpheus

索尼公司在 2014 年 GDC 游戏者开发大会上公布了 PlayStation 专用虚拟现实设备——Project Morpheus，如图 3-46 所示。

Project Morpheus 是由索尼公司悉心打造的 VR 眼镜。5.7 英寸 OLED 显示屏，1920×1080 分辨率，100°可视角度，1080P/120FPS 视频格式，延迟为 18ms 以内，单固定带，快速脱卸按钮，120Hz 刷新率，9 个 LED 用于 360°头部位置追踪，3D 音效。Project Morpheus 显示的画面色彩艳丽，流畅度极高（120fps），但分辨率还有待提升，左右两个眼睛的 OLED 屏幕分辨率都是 960×1080。360°的全景体验可以给用户带来完美沉浸感。

尽管 Project Morpheus 的体型看起来很大，但实际上它很轻巧。很明显，相比索尼之前的头戴式显示器 HMZ-TX 系列，Project Morpheus 简化了佩戴方式，提升了佩戴感受。不再需要将设备利用橡皮带紧紧扣在头上，

图 3-46　Project Morpheus

也不用担心因为佩戴不当而造成漏光。

与头戴式显示器 HMZ-TX 系列显示的矩形画面不同，戴上 Project Morpheus 后看到的会是一个圆形的视野。

索尼使用了 PlayStation Eye 摄像头来监控佩戴者的动作，用户可以通过移动头部或使用索尼的游戏手柄来实现游戏操控。

3.5 虚拟现实平台

虚拟现实平台是专门用于支持虚拟现实设备、提供开发虚拟现实内容标准和发布虚拟现实内容的平台。各个虚拟现实平台都为各自服务的产品进行了优化。通过提供开发标准可以使开发者开发的虚拟现实内容在相应的产品上运行得更加流畅。通过为开发者提供发布虚拟现实内容的平台，可以打造一个以虚拟现实平台为中心的虚拟现实"生态圈"。目前几种流行的虚拟现实平台为 HTC Viveport、SteamVR、谷歌 Daydream、微软 Holographic 平台。

3.5.1 HTC Viveport

2016 年 3 月 10 日，HTC Vive 深圳开发者峰会正式开幕，会上正式推出了自己的应用商店——Viveport，如图 3-47 所示。早在 2015 年 12 月 18 日开发者峰会上，HTC 就对外界透露了 Viveport 项目，其理念是"从有限的现实中解放人类的无限想象力"。Viveport 同时具备 PC 端和 VR 内的用户界面，还有一个"仪表盘"作为内容启动器。事实上，2016 年 1 月份就有人发现，Viveport 已经可以下载，但 PC 上安装时要求先预装 SteamVR 平台。SteamVR 是 Valve 建设的虚拟现实应用商店，HTC 最初和 Valve 一起开启 Vive 项目时，就是将 SteamVR 作为默认应用商店。Viveport 和 SteamVR 平台并不冲突，大部分游戏会在两个平台上线。SteamVR 主要聚焦在游戏上，而 Viveport 还会有媒体内容和行业应用。另外，Viveport 主要面向的是对 SteamVR 平台可能有限制的国家，比如中国。

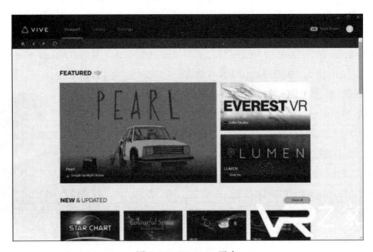

图 3-47　Viveport 平台

Viveport 对于大部分 HTC Vive 用户来说是一个更加崭新的平台。SteamVR 已经成为了 VR 游戏的中心区，Viveport 则开始逐渐成为高质量互动体验的门户网站。Viveport 在推出后不久就包含了丰富内容，它既涵盖教育体验，也涉及更多传统娱乐。这允许 HTC 促使独立开发者进行更加广泛的工作，而避免淹没在整个 Steam 库里面。

Viveport M 的诞生进一步丰富了 Viveport 内容平台家族，将 Viveport 上的成功经验延伸至各类移动 VR 设备，为用户提供更多元化、更高品质的移动 VR 内容与体验。

Viveport M 适用于绝大多数 Android 手机设备，用户无论是通过触摸屏还是 VR 模式都能更轻易地找到并体验到优质的移动 VR 应用或 360°视频内容。目前，Viveport M 已经开放开发者测试版本，Vive 注册开发者可通过 Viveport 后台系统进行下载，而消费者版也将于 2016 年年底前正式上线。目前有 3 种方式可以访问 Viveport：通过 Vive 桌面客户端、戴上 HTC Vive 头盔或通过互联网浏览器。

1. Vive 桌面客户端

Vive 桌面客户端不仅可以浏览 Viveport 提供的内容，还可以浏览 SteamVR 游戏。它使得在一个地方查看所有 VR 内容变得更加容易，充当 HTC Vive 体验的中心。要通过 Vive 桌面客户端访问 Viveport，只需：

（1）确保正在运行最新版本的 HTC Vive 桌面软件，或者根据需要进行更新。用户需要运行 1.0.8889 或更高版本才能通过 Vive 软件访问 Viveport。

（2）选择顶部菜单栏上的 Viveport 选项卡，并浏览可用 VR 体验的集合。

2. HTC Vive 头盔

穿戴 HTC Vive 头盔时访问 Viveport 同样简单。

（1）按系统按钮访问 SteamVR 菜单，然后选择下面的 Vive Home。

（2）选择 Viveport 并浏览可用的 VR 游戏和体验列表。

3. 互联网

尽管一些网络商店非常基础，但 Viveport 的网络商店基本上与 Vive 桌面客户端或 Vive 本身提供的内容相同。在大多数浏览器中都可以使用，VR 游戏玩家可以随时随地浏览和购买游戏，他们需要做的只是使用 Vive 账户登录，并且可以与桌面应用程序同步。

3.5.2　SteamVR

SteamVR 是 Steam 游戏平台专门用于发布和售卖 VR 应用的平台，同时也是最早上线的 VR 应用分发平台。目前该平台支持 Vive 和 Rift 等虚拟设备。SteamVR 提供了开发分布在该平台上 VR 游戏的标准，并为开发者提供了开发 VR 游戏的软件开发工具包（Software Development Kit，SDK）。虽然 SteamVR 除了当家的游戏之外，还发布其他应用软件，但 VR 游戏仍然占绝大部分。SteamVR 依附于 Steam 平台建立的游戏生态圈，利用 Steam 平台提供的用户流量优势，正逐步地发展壮大，是目前 Vive 和 Rift 等虚拟设备的主要 VR 应用供应平台。平台详情如图 3-48 所示。

图 3-48　SteamVR 平台

3.5.3　谷歌 Daydream

　　Daydream 平台是由谷歌在 2016 年 11 月 10 日发布的一个虚拟现实平台，于 2016 年在谷歌 I/O 全球开发者大会公布，如图 3-49 所示。这个平台由 3 部分组成：核心的 Daydream-Ready 手机和其操作系统、配合手机使用的头盔和控制器以及支持 Daydream 平台生态的应用。

图 3-49　Daydream 平台

　　Daydream 平台是依靠移动操作系统特别是 Android 系统建立起来的，开放性是它的一个特点。平台的规格第三方都能轻松获取并使用。所以，Daydream 平台实际是制定一套 VR 标准，这套标准的目的在于确定 Android 设备支持 Daydream 平台需要满足的条件。Daydream 的硬件标准限制直接把体验差的 Android 智能手机排除在谷歌 VR 之外。谷歌对于硬件提出具体的标准以及系统层面的优化，给予了手机生产商和芯片制造商一个参考标准。只有满足 Daydream-Ready 接入设备标准的手机才能兼容 Daydream 系列头盔。

3.5.4　微软 Holographic 平台

微软宣布要开放 Holographic 平台，允许其他厂商的虚拟现实、增强现实以及混合现实设备都来使用 Windows Holographic。微软 Windows 及设备执行副总裁 Terry Myerson 表示，"还没有人为虚拟现实创建一个操作系统"。可以看出微软是致力于把 Windows Holographic 打造成虚拟现实中的 Windows 操作系统。

现在，PC VR 中的翘楚 Vive 和 Rift 只能在 Windows 系统上运行，基于 Windows 10 的 Windows Holographic 平台能够提供全息影像框架、交互模型、感知 API 和 Xbox Live 服务，目前已经能在 Windows 商店里找到数百个全息 UWP 应用，可见其正在规模性的扩展。Oculus 和 Vive 倘若能接入 Holographic 平台，开发者便能使用平台工具开发相应的内容，消费者们也不必来回地返回到其应用界面进行 VR 体验。微软能够最大程度让 VR 体验更加简约。所以 Windows Holographic 开放的意义并不在于抢占所有的 VR 硬件设备，更多的可能是在于拓展软件服务以及解决兼容性问题，如图 3-50 所示。

图 3-50　Holographic 平台

3.6　本章小结

本章介绍了目前常见的、相对成熟的虚拟现实系统解决方案，主要包括 5 个方面的内容。

（1）介绍虚拟现实系统常用的硬件设备。

（2）介绍移动 VR 的成熟产品。

（3）介绍 VR 一体机的成熟产品。

（4）介绍基于主机的 VR 成熟产品。

（5）介绍虚拟现实内容发放平台。

首先，本章简明扼要地介绍了虚拟现实系统常用的硬件设备，包括建模设备、三维视觉显示设备、声音设备以及交互设备。这些设备分别在虚拟现实系统的不同环节发挥作用，本章以各类设备典型代表的实例来帮助读者了解其功能。

本章主要篇幅用来介绍三类虚拟现实系统解决方案，分别是移动 VR、VR 一体机和基于主机的 VR。分类的依据为系统的硬件形式。针对每一类虚拟现实系统，本章都给出了多个当前市面上的成熟产品，帮助读者快速理解虚拟现实系统，同时掌握行业现状。

在本章最后介绍了 4 个流行的虚拟现实内容发放平台，使读者从软件与硬件、系统与应用等多个不同的侧面加深对虚拟现实系统的理解。

第 4 章

虚拟现实内容的设计与开发

　　虚拟现实内容指通过虚拟现实硬件构成的虚拟现实系统展示给用户的内容。虚拟现实内容主要分为 VR 视频、VR 游戏和 VR 应用三大块。目前虚拟现实领域正处于蓬勃发展阶段，内容越来越丰富，用户的需求逐渐向多元化发展。

　　虚拟现实内容的设计是指通过调研分析，设计和策划需要展示给用户的虚拟现实内容。虚拟现实内容设计的主要任务是对虚拟现实内容做整体规划设计，设计虚拟现实内容中涉及的人物模型、虚拟场景以及整个内容的故事情节等。虚拟现实内容设计的好坏直接影响开发的虚拟现实内容的受欢迎程度，并对市场前景产生影响。

　　虚拟现实内容开发是指根据虚拟现实内容设计的结果，开发出可以运行在虚拟现实系统上的程序。这也是虚拟现实内容开发的主要任务。开发过程也是对整个设计进行代码实现的过程，需要时刻遵循虚拟现实内容设计过程的成果，充分利用虚拟现实系统的软硬件资源，开发出能在虚拟现实系统上高效、稳定运行的程序。

4.1 内容设计

在进行虚拟现实内容设计时，首先需要明确设计的目标和原则，在此基础上，进一步了解设计与开发的整个流程。

4.1.1 设计目标和原则

1. 虚拟现实内容设计的目标

（1）使用户有"真实"的体验，通过构建一个虚拟的世界，使用户完全沉浸在这个虚拟世界中。理想的虚拟环境应达到使用者难以分辨真假的程度。这种沉浸感的意义在于可以使用户集中注意力。为了达到这一目标，虚拟现实系统就必须具有多感知的能力，理想的虚拟现实系统应具备人类所具有的一切感知能力，包括视觉、听觉、触觉，甚至味觉和嗅觉。

（2）系统要能提供方便的、丰富的、主要是基于自然技能的人机交互手段。这些手段使得参与者能够对虚拟环境进行实时地操纵，能从虚拟环境中得到反馈信息，也便于系统了解使用者关键部位的位置、状态等各种系统需要获取的数据。同时应高度重视实时性，人机交互时如果存在较大的延迟，与人的心理经验不一致，就谈不上以自然技能进行交互，也很难获得沉浸感。为达到实时性的目标，高速计算和处理必不可少。

2. 虚拟现实内容设计的原则

1）目的性

在进行虚拟现实内容开发之前应明确开发内容的定位，即开发的内容是面向用户的还是面向体验的。如果是面向用户的内容设计，那么就应该明确所开发内容服务的用户群体，以用户为中心，根据用户的潜在需要进行内容上的设计。如果是面向体验的内容设计，那么就应该首先设想好开发的内容希望给用户带来什么样的体验，然后再对内容进行详细设计。

2）舒适性

设计一个让人感觉舒适的体验是最重要的原则。虚拟现实可能会混淆用户的大脑，因为用户的身体是静止的，但用户可能正在观察一个正在移动的环境。提供一个固定的参考点，如移动时与用户保持同步的地平线或仪表板，可帮助缓解眩晕。如果在虚拟现实应用设计中有较多动作，如加速、缩放、跳跃等，这些动作必须由用户控制。

就像在现实世界中一样，人们在过小、过大或高空的环境中很容易感到不舒服，所以在进行虚拟现实应用设计时了解并掌握尺度非常重要。在虚拟环境中有很多方法可以引导使用者感受空间尺度，包括音频和光线等非空间方法。音频可以用于空间定位，而光线可以用来揭示路径。

用户与虚拟现实系统的互动需要尽可能自然和直观。虚拟现实系统应该为用户提供以自然技能等方式与数字世界进行交互的手段，而不是要求用户适应现有技术支持的有限互动。

3）创造性

在开发虚拟现实应用时，不应该不假思索地在虚拟世界中复制现实环境。用户更期望能在虚拟世界中体验更加炫彩斑斓、充满想象力的世界。例如，谷歌 Daydream 团队开发的一款名为 Fruit Salad 的切水果模拟器。用户可以站在砧板旁边，用虚拟的水果刀切水果。如果将整个虚拟场景设计为厨房环境，那么整个体验就会有些无聊。但如果将场景设计为天空环境，让抽象的巨型水果漂浮在四周，效果就好多了。

4）想象性

由于虚拟现实系统中仍然缺乏完整的触觉反馈系统，考虑到联觉现象即其中一种感觉的刺激导致另一种感觉的自动触发，声音是用户触摸物体时提供反馈的好方法。利用 3D 声音技术可以让用户判断声音是来自上方、下方还是后方。巧妙地利用声音反馈也可以提高整个系统的沉浸感，给用户带来更加真实的体验。

相对于文字提示，用户更喜欢系统能通过声音进行提示。所以在进行虚拟现实内容开发时应试图将内容中涉及的文字提示转化为声音提示，从而给用户带来更好的用户体验。

5）可靠性

VR 应用的可靠性意味着该应用在测试运行过程中有能力避免可能发生的故障，且一旦发生故障后，具有摆脱和排除故障的能力。随着 VR 应用规模越做越大，应用也会越来越复杂，其可靠性越来越难保证。VR 应用的可靠性也直接关系到应用的生存发展竞争能力。如何提高应用的可靠性是虚拟现实内容设计的重要考虑因素。

6）健壮性

健壮性又称鲁棒性，是指软件对于规范要求之外的输入能够判断出这个输入不符合规范要求，并有合理的处理方式。VR 应用的健壮性直接影响了用户在使用 VR 应用时的体验。因为不能强制要求用户输入规范的内容，所以在进行虚拟现实内容设计时应考虑用户可能的输入，并对不符合规范的输入设计合理的处理方式。

4.1.2　设计与开发流程

1. 虚拟现实开发流程

首先通过调研，分析待开发的虚拟现实内容各个模块的功能。因为开发过程中涉及的具体虚拟场景的模型和纹理贴图都来源于真实场景，所以应事先通过摄像技术采集材质纹理贴图和真实场景的平面模型，并利用 Photoshop、Maya 或 3ds Max 来处理纹理和构建真实场景的三维模型。然后将三维模型导入到 Unity 3D、UE4 等虚拟现实开发引擎，在虚拟现实开发引擎中通过音效、图形界面、插件、灯光等设置渲染，编写交互代码，最后发布。虚拟现实开发流程如图 4-1 所示。

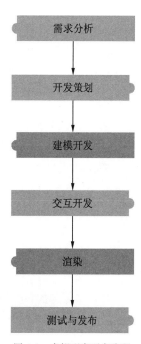

图 4-1　虚拟现实开发流程

1）需求分析

对于每一个开发的虚拟现实内容，都应该先进行需求分析，需求分析的充分程度直接影响后续的开发进度和质量。无论是 VR 应用还是其他应用软件，都应该以用户为中心，服务于用户。因为投入到虚拟现实内容开发的资源是有限的，不能把所有的功能都实现，所以需要对功能进行取舍。通过充分的需求分析，对欲实现的功能进行分级，优先实现等级高的功能，等级低的功能则作为后续的功能进行开发或者不进行开发。这样才能实现以有限的资源获得最大的效益。

2）开发策划

根据需求分析的结果，对整个开发过程进行策划。首先针对整个 VR 应用进行整体的开发策划，然后针对每一部分做进一步的更详细的开发策划。对每一个欲实现的功能进行详细的研究探讨，得出实现这一功能的详细方案。

3）建模开发

根据开发策划得到的结果进行建模开发。建模是指构建场景的基本要素，在建模过程中同时进行模型的优化，一个好的虚拟现实项目不仅要运行流畅，给人以逼真的感觉同时还要保证模型不能过于庞大。在建模的过程中可以使用制作简模的策略即删除相交之后重复的面来实现减小模型大小的目的。

4）交互开发

模型建立后，就可以开始进行交互开发。交互开发也是虚拟现实项目的关键。Unity 3D 等虚拟现实开发引擎负责整个场景中的交互功能开发，是将虚拟场景与用户连接在一起的开发纽带，协调整个虚拟现实系统的工作和运转。三维模型在导入 Unity 3D 之前必须先导入材质然后再导入模型，防止丢失模型纹理材质。

5）渲染

在整个虚拟现实内容开发过程中，交互是基本，渲染是关键。一个好的虚拟现实项目，除了运行流畅之外，场景渲染的好坏也会影响整个项目。一个好的、逼真的场景能给用户带来完全真实的沉浸感。用户也更容易认可真实感优秀的虚拟现实项目。基本渲染都是通过插件来完成的，在需要高亮的地方设置 shader。而渲染开发得到的效果就是看到台灯能真正感受到发亮的效果。

6）测试与发布

经过以上步骤的迭代开发，即可得到一个完整的 VR 应用。然后需要对该 VR 应用进行测试，并对未通过测试的部分进行修改，直到该 VR 应用通过所有的测试。接下来就可以发布该 VR 应用了。

2．VR 团队角色

一个典型的 VR 团队的角色构成如图 4-2 所示。

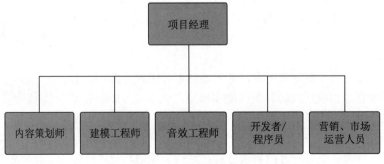

图 4-2　VR 团队角色构成

1）项目经理

任何虚拟现实内容开发都需要一个项目经理。如果没有一个人专注于确保项目在预算内完成且监督整个项目的进程，那么项目可能永远都完成不了。视团队规模，项目经理在项目总负责人这一角色以外可能还要担任其他的角色。项目管理和剧本创作、编程或 3D 设计一样属于一种技能，需要不断学习和实践。在整个开发过程中，项目经理必须是一个领导者，在跟进项目现状和剩余时间的同时，要时刻牢记内容开发的最终目标。对于项目经理来说，最难的工作就是决定创建还是删除某个特性，项目经理必须衡量每个特性的经济效益、社会效益及其制作成本。因为可以添加的特性是无穷无尽的，排列优先级才是最重要的。

项目经理不应事必躬亲地插手每个团队成员的工作，而应着眼于大局。对于一个项目经理来说，最佳实践就是给予团队成员所需的信息和工具，然后让他们放手去做。团队成员都是他们各自领域的专家，所以项目经理并不需要告诉他们该怎么做，而应让他们有一个清晰的目标，明白什么是重要的，以确保在有限的时间内能够完成每一部分的工作。项目经理对项目的熟悉度也非常重要，而且一个好的 VR 项目经理对编程、3D 艺术、写作和声音技术都要有所涉足，这样才能及时意识到预算或时间是否需要增加，或者某些特性是否需要删减。

2）内容策划师

内容策划师的主要工作是创作虚拟现实内容开发的故事情节。对于制作有吸引力的 VR 内容来说，开发团队里所有的职位都至关重要。那么内容策划师应该如何融入整个 VR 团队，使得整个团队都能很好理解自己创作的内容呢？首先，这要取决于创作的内容对故事情节的依赖度有多高。为了能够清楚地进行说明，下面将创作内容分为 3 类分别说明：撰写故事情节驱动型内容、撰写含故事情节型内容和撰写无故事情节型内容。

（1）故事情节驱动型内容。如果虚拟现实内容开发项目涉及的内容是靠故事情节驱动的，这种项目需要专业的故事创作型作家。在整个项目开发过程中，需要尽早将一名内容策划师加入项目，那么故事元素就能够指导整个内容开发过程，有效提升虚拟现实系统使用者的体验。

尽管如此，内容策划师必须注意几个关键事项。

首先，在设计故事情节和角色能力时必须把模拟器眩晕症和控制输入等问题纳入考虑范围。如果内容策划师设计的玩家控制角色要通过后空翻来躲避敌人的进攻，那么就严重破坏了用户的舒适感。当内容策划师着手开发内容后，很可能会发现有一些想法在 VR 中的效果不如想象的那么好。内容策划师必须具备强大的应变能力，能冷静处理这些问题，因为内容策划师的决定可能会影响其他队员的工作进程。

其次，内容策划师必须记住自己创作的对象是一个交互式媒介（传统意义上指的就是游戏），所以仅仅担任好内容策划师这一角色是不够的。交互式媒介行业中的作家还必须是一个游戏设计师。通过自己对游戏玩法的理解及其内容中的应用，内容策划师创作的体验才能够充分发挥这一媒介的作用。最优秀的交互式游戏内容策划师同时也是优秀的游戏设计师。同时，虚拟现实内容开发并没有什么成文的规则，所以不要害怕尝试新的设计技巧。通过了解前人的设计，内容策划师可以知道还有什么是未被尝试的。

把叙事和内容设计结合起来，内容策划师就可以创作出比其他任何艺术形式都更吸引人的体验。故事驱动型内容预计将在未来几年里不断增加，就算脱离 VR 也是如此——因为技术越来越标准化，画面质量也越来越逼真，所以故事在区分内容质量高低上的作用就变得更加重要了。

（2）含故事情节型内容。故事情节驱动型内容会不断增多，重度依赖交互体验技术的内容也会层出不穷。但如今大部分 VR 游戏却不属于其中，相较于游戏玩法，故事对玩家的吸引力要小得多。尽管如此，还是要让内容策划师尽早加入虚拟现实内容的设计开发。参与这类游戏的内容策划师依然需要过硬的游戏设计知识。但内容策划师不得不在故事情节发展上对其他团队成员（主要是带头的游戏设计师）做出让步。比如说，内容策划师可能很想让玩家体验作为一个配角的感受，但游戏设计师不愿再花时间设计一套不同的能力组合，他们希望整个游戏的玩法体验能够保持一致，而且设计这样一个功能所耗费的额外资源比这个功能所带来的收益要多。面对这种情况，灵活应变更重要。

（3）无故事情节型内容。有些内容是没有故事的，通常这就意味着这个项目不需要内容策划师。不过，如果能让一个内容策划师创作对话、指示语或游戏中的其他文字内容也是非常有益的。总的来说，哪怕只有一点点的故事情节，对于游戏来说都是有利的。例如，对比一下简单地翻越障碍和著名的《超级玛丽》游戏，玛丽为了拯救公主才会不断翻越障碍，冲破重重阻隔。简单的故事情节赋予了《超级玛丽》这款游戏更多趣味性。

3）建模工程师

在 3D VR 环境中，建模工程师用引擎描绘虚拟世界和角色。建模工程师是 VR 内容创作的工匠，为虚拟现实内容开发团队创作出逼真的虚拟环境、角色和特效。

建模工程师都倾向于追求最美观最高清的模型，但更重要的是他们能够在项目预算和时间限制内创作出所有必备的内容。一个充满艺术感、看起来像是用十年前的老引擎做出来的产品，比一个既漂亮又先进但花光了所有经费的半成品要好得多。从项目一开始建模工程师就需要和团队成员对内容的具体参数规格达成一致意见，认清自己的极限。更高的质量和更多的图像意味着这个项目需要更多的建模工程师。

建模工程师需要时刻谨记传统的设计手法，比如灯光，必须表现出 VR 的 3D 深度。立体的 3D 显示能够让画面的深度感更加真实，但如果没有恰当的灯光、比例等元素，画面中的环境和物体都会不好看，因此在建模过程中要特别注意环境和角色的沉浸感。理想的 VR 效果是所有元素都和谐共处，不会让用户产生违和感。

建模工程师可以进一步细分为原画师、模型构建师和特效设计师等。首先原画师需要根据内容策划师设计的内容，收集所需的环境、道具和人物角色等素材，然后根据收集到的素材进行原画创作，最后将创作好的原画交给模型构建师。模型构建师的任务是根据原画师创作的原画，构建所需的环境、道具和人物角色等三维模型。特效设计师则需要根据内容策划师设计的内容，收集所需的特效资源，并创作出符合设计内容的特效。

4）音效工程师

音效工程师的工作是获得或创作出虚拟现实内容开发所需的全部声音效果，也就是说他们需要和一个作曲家一起共谱配乐，或者获权使用他人的音乐，聘请配音演员来录制角色对话，和音效设计师一起创作环绕音和音效等。音效工程师可能有能力完成部分任务，但其最终的职责是凑齐产品所需的所有声音，和程序员协调把声音加入开发的虚拟现实内容当中。同时，音效工程师还要和内容策划师以及建模工程师合作，确保声音与故事情节和环境搭配得当。如果聘请了配音演员，要保证在录制声音的过程中内容策划师也参与其中，以防配音演员和音效工程师想要临时改变内容，也方便内容策划师把具体情节和要求告知配音演员。

沉浸感强的音乐可以让虚拟世界变得更加真实。如果一头狮子从左边袭击你，那在它扑过来之前的咆哮声出现在你的左边，这比双耳听到一样的声音要更具沉浸感。同时也需要根据需要选择已有的 3D 音效引擎和软件。Vive 和 Oculus 的头显都内置了耳机，Unity 3D 等虚拟现实开发引擎也已经开始加入空间音效插件，但沉浸式音效的解决方案才刚刚起步，后续的发展需要音效工程师的创新与努力。要打造真正具有沉浸感的 3D 体验，设计精良的 3D 音效必不可少。

5）开发者 / 程序员

程序员是虚拟现实内容开发的基础，他们利用自己高度专业化的技能，来实现虚拟现实内容开发过程中涉及的交互。目前一些 2D 游戏开发平台已经不再需要编程了，但 3D 虚拟现实内容的开发还没有类似的系统，而且就算有这样的系统，程序员也可以大大增加设计的可能性。

项目的规模和时间轴直接决定了一个虚拟现实项目需要多少个程序员。所以，在项目一开始就需要确定项目的规模和所需开发人员的数量。

在 VR 设计过程中，由于 Unity 3D 和 UE4 等虚拟现实开发引擎拥有非常丰富的资源，程序员主要的工作就是将美工和引擎元素相融合，以确保它们能够正常交互，如控制 VR 摄像头的正常运转、编写人工智能行为模式、为多人游戏构建网络连接、创建菜单逻辑等。

同时虚拟现实内容开发涉及的内容类型也将对程序员提出不同要求。如果要开发一款 VR 游戏，那么可能需要找一些有游戏开发经验的程序员，如果想打造的体验是完全被动式，如 VR 影院等，那么对编程的要求就会很小，程序员工作的核心是交互体验。

作为一名程序员，必须和其他的队友沟通，以确保和队友的工作时朝着成品目标的方向推进，因为一不留神就有可能把时间耗费在无足轻重的细节上，或者那些由于设计变更而被砍掉的部分上。程序员应该时刻牢记最终目标，和队友应保持明确的沟通，可以防止浪费时间，同时，花一点时间进行复查和沟通也可以省去很多做"无用功"的时间。

6）营销、市场运营人员

无论开发的虚拟现实内容有多出色，如果没人知道就不会有人来买。好的营销能让开发的虚拟现实内容的目标受众对产品产生兴奋和期待之情，并且让人们去了解获取方式。VR 市场在初期将由一群忠实的玩家和 VR 爱好者组成，而后会渐渐地延伸到每个拥有计算设备的人。营销是一门专业技能，但不能只满足于传统的营销手段，一个团队要确保有一个人专门负责推销开发的内容。

虚拟现实内容的后期维护也是极其必要的，好的市场运营可以为团队赢来更多的忠实用户，也会为后续的虚拟现实内容的设计开发提供动力以及后续产品的销售。同时产品在市场中运行服务也会出现各种问题，这些问题都需要市场运营人员的及时维护，这样才能使一个产品不断地"存活"下去。

4.2　虚拟现实内容制作方式

虚拟现实内容的制作方式大致分为建模工程师利用建模软件进行手工建模、静态建模和全景拍摄 3 种。

4.2.1　手工建模

手工建模指建模工程师根据虚拟现实内容开发的需要利用 3D 建模软件进行建模工作。目前常用的 3D 建模软件为 3ds Max、XSI、Maya、Blender、Cinema 4D、Mudbox、ZBrush。

1．3ds Max

3ds Max 是由 Autodesk 公司（美国）旗下的 Discreet 公司（加拿大）开发并推出的三维造型与动画制作软件。3ds Max 软件率先将以前仅能在图形工作站上运行的三维造型与动画制作软件移植到计算机硬件平台上，因此该软件一经推出就受到广大设计人员和爱好者的欢迎，获得了广泛的用户支持。3ds Max 是集建模、材料、灯光、渲染、动画、输出等于一体的全方位 3D 制作软件，它可以为创作者提供多方面的选择，满足不同的需要。图 4-3 为 3ds Max 的设计界面。

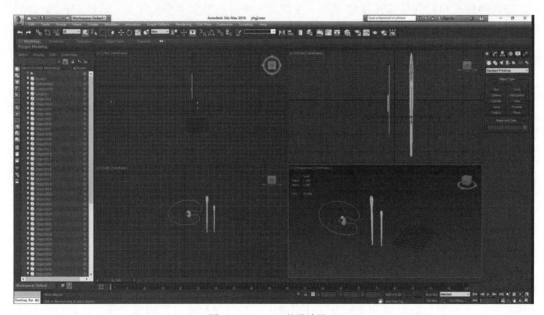

图 4-3　3ds Max 的设计界面

目前该软件广泛应用于电影特技、电视广告、游戏、工业造型、建筑艺术、计算机辅助教育、科学计算机可视化、军事、建筑设计、飞行模拟等各个领域。作为当前世界销量最大的一款虚拟现实建模的应用软件，与其他的同类软件相比具有以下特点。

1）简单易用、兼容性好

3ds Max 具有人性化的工作界面，建模流程简洁高效，易学易用，工具丰富；并具有非常好的开放性和兼容性，因此它拥有最多的第三方软件开发商，具有成百上千种插件，这极大地扩展了 3ds Max 的功能。

2）建模功能强大

3ds Max 软件提供了多边形建模、放样、片面建模、NURBS 建模等多种建模工具，建模方法和方式快捷、高效。其简单、直观的建模表达方法大大地丰富和简化了虚拟现实的场景构造。

目前，3ds Max 在国内外拥有众多的用户，在使用率上占据绝对的优势。

2．XSI

XSI 原名 Softimage 3D，是 Softimage 公司（加拿大）开发的一款三维动画制作软件。动画控制技术是其强项，但其自有建模能力也很强大，拥有世界上最快速的细分优化建模功能。强大的创造工具让 3D 建模感觉就像在做真实的模型雕塑一般。

Softimage XSI 凭借其先进的工作流程、无缝的动画制作以及领先业内的非线性动画编辑系统脱颖而出，出现在世人眼前。Softimage XSI 是一个基于节点的体系结构，这就意味着所有的建模操作都是可以编辑的。它的动画合成器功能更是可以将任何动作进行混合，以达到自然过渡的效果。Softimage XSI 的灯光、材料和渲染已经达到了一个较高的水平，系统提供的十几种光斑特效，可以延伸出千万种变化。XSI 运行界面如图 4-4 所示。

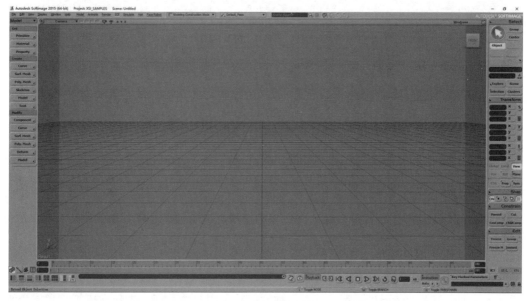

图 4-4　XSI 运行界面

3．Maya

Maya 是美国 Autodesk 公司出品的世界顶级的三维动画软件，并以建模功能强大著称。Maya 是目前世界上最为优秀的三维动画制作软件之一，它最早是美国的 Alias|Wavefront 公司在 1998 年推出的三维制作软件。虽然在此之前已经出现了很多三维制作软件，但 Maya 凭借其强大的功能、友好的用户界面和丰富的视觉效果，一经推出就引起了动画和影视界的广泛关注，成为顶级的三维动画制作软件。

Maya 的操作界面及流程与 3ds Max 比较类似。Maya 功能完善，工作灵活，易学易用，制作效率极高，渲染真实感极强，是电影级别的高端制作软件。所以 Maya 自从其诞生起就参与了多部国际大片的制作。如从早期的《玩具总动员》《金刚》到《汽车总动员》等众多知名影视

作品的动画和特效都是由 Maya 参与制作完成的。除了在影视动画制作的应用外，Maya 还可以
应用在游戏、建筑装饰、军事模拟、辅助教学等方面。Maya 运行界面如图 4-5 所示。

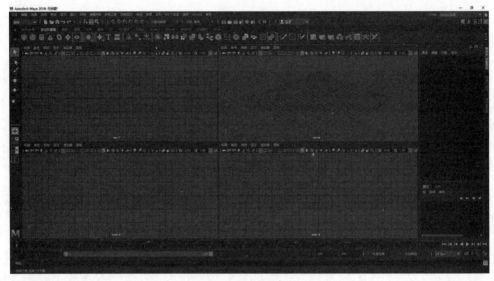

图 4-5　Maya 运行界面

4. Blender

Blender 是一款开源的跨平台全能三维动画制作软件，提供从建模、动画、材质、渲染、
到音频处理、视频剪辑等一系列动画短片制作的解决方案。

Blender 拥有便于在不同工作条件下使用的多种用户界面，内置绿屏抠像、摄像机反向跟
踪、遮罩处理、后期节点合成等多种高级影视解决方案。同时还内置有卡通描边和基于 GPU
技术 Cycles 渲染器。以 Python 为内建脚本，支持多种第三方渲染器。Blender 可以被用来进行
3D 可视化，同时也可以被用来创作广播和电影级品质的视频，另外内置的实时 3D 游戏引擎，
让制作独立回放的 3D 互动内容成为可能。完整集成的创作套件，提供了全面的 3D 创作工具，
包括建模、UV 映射、贴图、绑定、蒙皮、动画、粒子和其他系统的物理学模拟、脚本控制、
渲染、运动跟踪、合成、后期处理和游戏制作。

Blender 也提供了跨平台支持，它基于 OpenGL 的图形界面在任何平台上都是一样的，可
以工作在所有主流的 Windows、Linux、OS X 等众多其他操作系统上。高质量的 3D 架构带来
了快速高效的创作流程。小巧的体积，更便于分发。Blender 运行界面如图 4-6 所示。

5. Cinema 4D（C4D）

Cinema 4D 由德国 Maxon Computer 开发，以极高的运算速度和强大的渲染插件著称，很多
模块的功能在同类软件中代表着科技进步的成果，并且在用其描绘的各类电影中表现突出，而随
着其越来越成熟的技术受到越来越多的电影公司的重视，可以预见，其前途必将更加光明。

Cinema 4D 应用广泛，在广告、电影、工业设计等方面都有突出的表现，例如影片《阿凡
达》中有花鸦三维影动研究室中国工作人员使用 Cinema 4D 制作的部分场景。

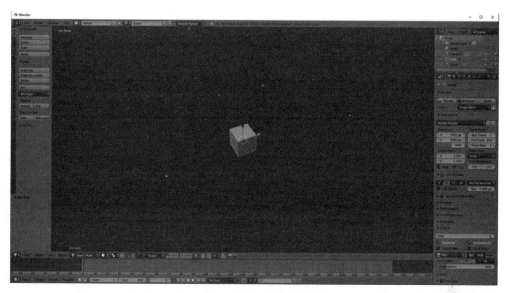

图 4-6　Blender 运行界面

　　在很多方面，可以将 C4D 作为 Maya 或 3ds Max 的替代工具。虽然没有后两者的影响力广泛，但 C4D 近年来的成熟趋势越发明显。

　　相比于 Maya 和 3ds Max，C4D 会更加容易上手，可以更快捷轻松地完成整个 3D 建模流程。Cinema 4D 运行界面如图 4-7 所示。

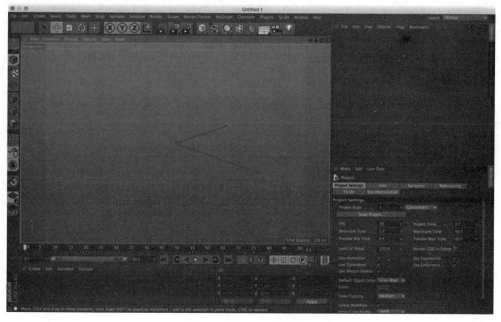

图 4-7　Cinema 4D 运行界面

6. Mudbox

Mudbox 由美国 Autodesk 公司开发，是雕刻与纹理绘画的结合。直观的用户界面和一套高性能的创作工具，使人能够快速轻松地制作复杂模型。其基本的操作方式与 Maya 相似，非常容易上手。

传统雕刻师、新手或资深数字艺术家都能轻松地使用 Mudbox 功能集来提升生产力，用户可在几个小时内实现高效工作，而不是几个星期。数字雕刻工具模仿了现实生活中的行为，能使用 Mudbox 中的工具就像捏制黏土一样简单直接。

与那些经典的建模工具相比，Mudbox 在工作方式上略有不同：使用者需要从一个非常原始的模型（譬如一张脸或一只小动物等）开始一点点塑造外形，就像玩泥土模型那样。使用者可以捏造表面，凿刻沟壑，通过不断地调整来最终实现自己想要的效果。

对于传统雕刻师等艺术家来说，这种方式显然更加符合习惯与直觉。艺术家可以像现实生活中的喷涂那样，通过使用笔刷工具来为模型增加纹理。

虽然其他 3D 建模工具也有提供塑形方面的功能，而且可以满足设计师多数时候的设计需求，但如果设计师希望实现更为出色的效果，Mudbox 绝对值得尝试。Mudbox 的运行界面如图 4-8 所示。

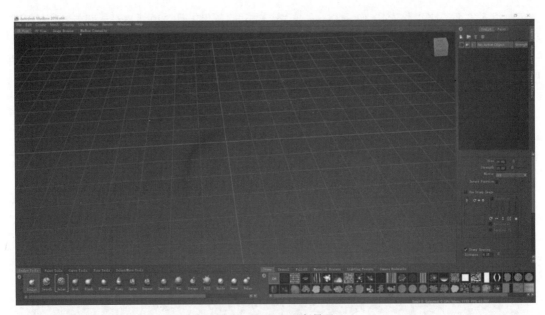

图 4-8　Mudbox 运行界面

7. ZBrush

ZBrush 是一个数字雕刻和绘画软件，它以强大的功能和直观的工作流程彻底改变了整个三维行业。在一个简洁的界面中，ZBrush 为当代数字艺术家提供了世界上最先进的工具。以实用的思路开发出的功能组合，不仅激发了艺术家的创作力，同时也产生了一种在操作时使用者会感到非常流畅的用户感受。ZBrush 能够雕刻高达 10 亿多边形的模型，所以使用 ZBrush 的限制只取决于的艺术家自身的想象力。

　　ZBrush 是世界上第一个让艺术家感到无约束、自由创作的 3D 设计工具。它的出现完全颠覆了传统三维设计工具的工作模式，解放了艺术家们的双手和思维，告别过去那种依靠鼠标和参数来笨拙创作的模式，完全尊重设计师的创作灵感和传统的工作习惯。

　　它将三维动画中间最复杂最耗费精力的角色建模和贴图变成了小朋友玩泥巴那样简单有趣的工作。设计师可以通过手写板或者鼠标来控制 ZBrush 的立体笔刷工具，自由自在地随意雕刻自己头脑中的形象。至于其他的拓扑结构、网格分布一类的烦琐问题都交由 ZBrush 在后台自动完成。它细腻的笔刷可以轻易塑造出皱纹、发丝、青春痘、雀斑之类的皮肤细节，包括这些微小细节的凹凸模型和材质。ZBursh 不但可以轻松塑造出各种数字生物的造型和肌理，还可以把这些复杂的细节导成法线贴图和展开的 UV 的低分辨率模型。这些法线贴图和低分辨率模型可以被大型三维软件 Maya、3ds Max、Softimage XSI 等识别和应用。

　　在建模方面，ZBrush 可以说是一个极为高效的建模器。它进行了相当大的优化编码改革，并与一套独特的建模流程相结合，可以让艺术家制作出令人惊讶的复杂模型。无论是从中级到高分辨率的模型，艺术家的任何雕刻动作都可以瞬间得到回应。还可以实时进行不断地渲染和着色。对于绘制操作，ZBrush 增加了新的范围尺度，可以让艺术家给像素作品增加深度、材质、光照和复杂精密的渲染特效，真正实现了 2D 与 3D 的结合，模糊了多边形与像素之间的界限。

　　ZBrush 是 Mudbox 的备选方案。相较于前者，ZBrush 提供了数量更为庞大的基础模型，同时也提供了更多笔刷，但在纹理喷涂和纹理烘焙方面的表现不如 Mudbox 优秀。ZBrush 运行界面如图 4-9 所示。

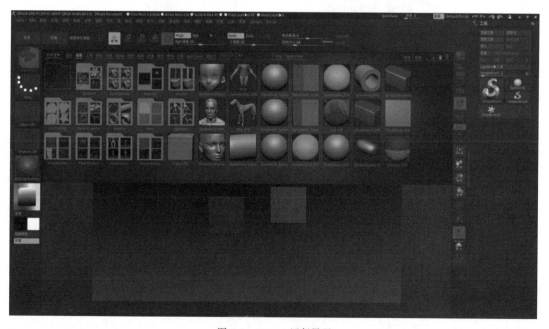

图 4-9　ZBrush 运行界面

4.2.2 静态建模

静态建模指针对静态对象（主要包括道具及角色）实现快速图像采集并生成高精度、高还原度的通用 3D 模型。目前常用的静态建模方式包括三维激光扫描和拍摄建模两种。

1. 三维激光扫描

三维激光扫描是最精确的建模方式。三维激光扫描技术已经发展了二十多年，目前已经发展到第三代产品，技术和解决方案都已经非常成熟，从杯子大小的物件到整个城市都有成熟的解决方案。一般的三维扫描仪厂商除了设备以外，还会有点云数据处理软件，这类软件的主要功能就是通过图像算法降低点云数据的数据量，还有一些智能识别功能，将常见的电缆、管道等对象识别成一个整体对象，通常这类软件的识别过程都需要人工辅助干预才能形成可以使用的场景数据。大场景的扫描建模对操作人员要求比较高，一般需要操作人员配合使用全站仪之类的测绘设备。三维激光扫描如图 4-10 所示。

图 4-10　三维激光扫描

2. 拍摄建模

拍摄建模是目前最方便的建模方式。这种方式是指通过相机等设备对物体采集照片，经过计算机进行图形图像处理以及三维计算，从而全自动生成被拍摄物体的三维模型。通常物体模型的精度取决于图像精度，一般来说，保持与所拍摄对象距离越近，照片分辨率越高，照片质量也越好，CCD（Charge Coupled Device，电荷耦合器件）幅面也越大，所以获取到的三维效果会更好。为了达到预定的影像精度，必须使用准确的焦距及拍摄距离来采集图像。为了保证模型的顺利生成，必须要保证足够的重叠率，但重叠率不宜太高，太高会浪费图像而且也会造成后续的模型计算缓慢或者内存过大导致建模计算失败，同样也不宜过低，过低会导致模型的计算出现孔洞或者因照片重叠率不够直接无法建模。必须保证被拍摄的对象的每一个点至少在相邻 2 张照片里都能找到。图 4-11 是威爱教育科技有限公司建立的静态对象快速建模实验室。

图 4-11　威爱静态对象快速建模实验室

4.2.3　全景拍摄

全景拍摄是指对被拍摄对象进行 720°环绕拍摄，最后将所有拍摄得到的图片拼成一张全景图片，从而完成对被拍摄对象的建模任务。720°全景指超过人眼正常视角的图像，水平 360°和垂直 360°环视的效果，照片都是平面的，通过软件处理之后得到三维立体空间的360°全景图像，给人以三维立体的空间感觉。全景展开如图 4-12 所示。

图 4-12　全景展开图

地面拍摄器材包括手机、单片机/微单（配广角镜头）、单反相机（配广角镜头）、全景相机，航拍器材使用无人机（大疆精灵），辅助器材包括三脚架/独脚架（含云台）、停机坪以及充当飞行器控制手柄显示屏的手机、平板电脑等设备。

航拍需要注意天气情况、禁飞事项、飞行地点、飞行器续航时间、设置飞行参数、设置曝光模式等事项。航拍时可利用三脚架模式保持无人机悬停，保证相邻照片之间含有30%重合部分，水平拍摄一圈（8～10张照片），镜头向下倾斜30°拍摄一圈（6～8张照片），镜头继续向下倾斜30°拍摄一圈（4～6张照片），最后垂直俯视交叉拍摄（2～4张照片）。航拍素材保证在30张照片左右，可多拍再进行后期删减，同时需利用地面相机对天空进行补拍。航拍原理如图4-13所示。

对于地面拍摄需要注意相机储存空间、相机电量是否充足、选择光照均匀四面障碍物位置均匀的机位、稳定脚架、设置曝光模式等事项。地面拍摄时可遵循如下方法：相机抬头接近90°交叉拍摄（2张），相机抬头60°拍摄一圈（4～6张），相机抬头30°拍摄一圈（6～8张），水平拍摄一圈（8～10张），相机埋头30°拍摄一圈（6～8张），相机埋头60°拍摄一圈（4～6张），地面补拍（2张）。地面拍摄素材保证在30张照片左右，可多拍再进行后期删减，需利用地面相机对天空进行补拍。地面拍摄原理如图4-14所示。

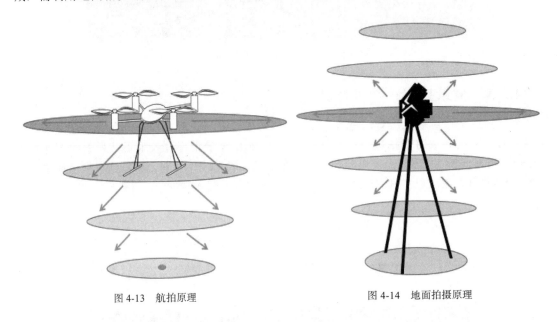

图 4-13　航拍原理　　　　　　　　图 4-14　地面拍摄原理

4.3　交互功能开发

本节将对交互功能的开发步骤进行介绍，并针对不同的交互功能开发给出开发建议。

4.3.1　开发步骤

交互功能的开发步骤如图4-15所示。一个典型的交互功能开发过程大致分为以下5个步骤。

1. 前期交互功能分析与方案确定

对整个系统需要实现的交互功能进行前期分析，包括功能设计分析与特效实现设计分析两个部分，并根据分析结果安排具体开发流程与分工。

2. 模型数据导入

从建模工程师处获得三维模型文件，导入到交互开发平台中。

3. 交互功能设计

按照前期确定的交互设计方案，以模块化设计方式在项目中编写独立功能模块，每一项功能调试完毕后，再加入下一个功能，确保整体交互程序的顺利运行以及各功能模块之间的配合与衔接。

4. 特效设计

使用交互开发平台中已有的特效模块对画面进行整体视觉效果的调整，并根据实际需求加入如雾效、粒子云层、动态喷泉水流以及立体声音效等。

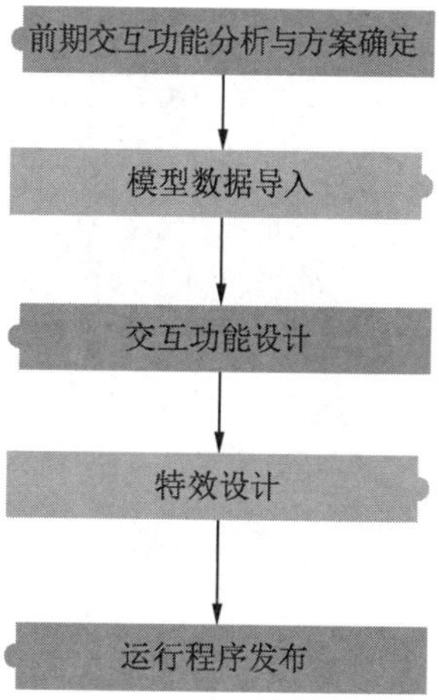

图 4-15　交互功能的开发步骤

5. 运行程序发布

在完成交互功能设计与整体功能测试之后，按照具体使用要求，发布成可执行文件。并且可根据使用环境，连接外部控制器以及虚拟现实头戴式显示器使用。

4.3.2　主要交互方式

1. 真实场地

真实场地即指造出一个与虚拟世界的墙壁、阻挡和边界等完全一致的真实场地。比如超重度交互的虚拟现实主题公园 The Void。该公园就采用了这种途径，它是一个混合现实型的体验，把虚拟世界构建在物理世界之上，让使用者能够感觉到周围的物体并使用真实的道具，比如手提灯、剑、枪等。这种真实场地通过仔细地规划关卡和场景设计就能够给用户带来种种外设所不能带来的良好体验。但规模及投入较大，且只能适用于特定的虚拟场景，在场景应用的通用性方面限制较大。

图 4-16 是威爱幻醒竞技场的 VR 体验效果图，该竞技场即利用真实场地来构建虚拟世界中的墙壁、阻挡和边界等。用户在体验的过程中可获得更大的自由度以及更大范围的活动区域，用户获得的体验也更加真实，沉浸感强。

2. 传感器实现交互

传感器能够帮助人们与多维的 VR 信息环境进行自然地交互。比如，人们进入虚拟世界不仅只是想坐在某处，也希望能够在虚拟世界中行走。比如在虚拟现实系统中借助跑步机使得用户获得行走的体验，目前 Virtuix 公司（美国）、Cyberith 公司（奥地利）和国内的 KAT 公司都在研发这种产品。但这样的跑步机实际上并不能够提供接近于真实移动的感觉，用户体验并不好。全身 VR 套装 Teslasuit 也是利用传感器实现交互的典型代表，戴上这套装备，可以切身感觉到虚拟现实环境的变化，比如可感受到微风的吹拂，甚至是射击游戏中还能感受到中弹的感觉。

（a）竞技场实景 （b）相关设备

图 4-16　威爱幻醒竞技场

　　这些交互是由设备上的各种传感器产生的，比如智能感应环、温度传感器、光敏传感器、压力传感器、视觉传感器等。这些传感器通常是通过脉冲电流让皮肤产生相应的感觉，或是把游戏中触觉、嗅觉等各种感知传送到大脑。但是，目前使用传感器的设备体验都不尽如人意，在技术上还需要做出很多突破。图 4-17 展示了 HTC Vive 头戴式显示器内部的多种传感器。

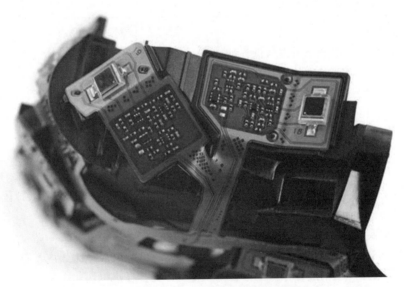

图 4-17　HTC Vive 头戴式显示器内部传感器

3. 动作捕捉

　　动作捕捉是在运动物体的关键部位设置跟踪器，通过对这些跟踪器的监控和记录，产生可以由计算机直接处理的数据。技术上涉及了尺寸测量、物理空间里物体的定位及方位测定等多个方面。动作捕捉是虚拟现实系统中最主要的交互方式之一。图 4-18 是动作捕捉示意图。

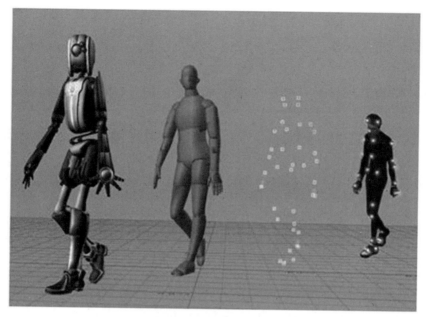

图 4-18　动作捕捉示意图

在运动物体的关键部位设置跟踪器，由动作捕捉系统捕捉跟踪器位置，再经过计算机处理后得到三维空间坐标的数据。当数据被计算机识别后，可以应用在动画制作、步态分析、生物力学等领域。

4. 触觉反馈

触觉反馈技术能通过作用力、振动等一系列动作为使用者再现触感。触觉技术被用于创造触觉效果，即在消费电子设备上的手势或触觉反馈。借助触觉技术，消费电子设备制造商可以在其设备上为特定的互动体验创造出与众不同的个性化触觉反馈，从而为消费者提供更具价值且更加逼真的独特体验。

触觉通过硬件与软件结合的触觉反馈机制，模拟人的真实触觉体验。由于人体感受机制复杂，对触觉技术做清晰的分类并不容易，不过从感受输入的角度，大致可以分为对表皮及对肌肉中感受器刺激两类。手机上的"振动"就是一种表皮触觉技术，但是手机振动的广泛应用也让大多数人产生了误解——认为触觉等同于"振动"。事实上这项技术远非如此简单，只是因为振动技术容易实现，而且商业化产品成熟低价，所以应用最为广泛而已。振动其实只是触觉领域的很小一部分，在许多场景下（例如按键反馈），以振动作为触觉反馈的效果都不够好。

虚拟现实内容的开发可以通过定制独特的触觉反馈效果来提升用户体验，增强游戏、视频和音乐的效果，直观无误地重建"机械"触感。可用于解决驾驶或手术中注意力分散的问题，以提高安全性，或者在实施机械医疗程序和培训模拟时提供逼真的触觉反馈，或者弥补在特定场景下音频与视觉反馈的低效问题。图 4-19 是斯坦福大学 SHAPE 实验室研发的可以模拟抓取动作的 VR 触觉反馈设备，通过程序控制该设备可模拟在虚拟现实世界中抓取物体时，物体对用户手部反馈的触觉信息。

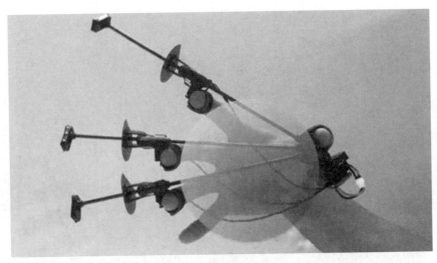

图 4-19 VR 触觉反馈示意图

5. 方向跟踪

方向追踪除了可以用来瞄点，还可以用来控制用户在 VR 中的前进方向。HTC Vive 的 Lighthouse 可通过安装在虚拟现实场地对角上的两个"灯塔"对整个场地进行激光扫描，头戴式显示器上的光敏传感器可计算不同激光到达传感器的时间，从而得到头戴式显示器的位置以及用户此时面向的方向。根据对用户面向方向的检测，确定用户头部转动情况，然后根据此结果改变头显中显示给用户的画面。Lighthouse 可以实时跟踪监测用户面向的方向，当方向改变时可在最短时间内给予用户反馈，并根据方向的不同，改变头显中显示的画面。图 4-20 是 Lighthouse 的方向跟踪示意图。

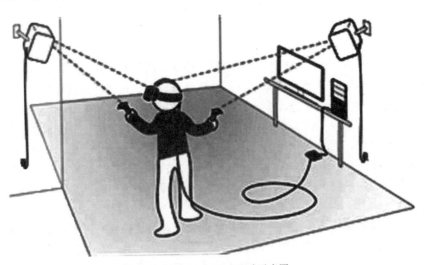

图 4-20 Lighthouse 方向跟踪示意图

6. 手势跟踪

使用手势跟踪作为交互可以分为两种方式：第一种是使用光学跟踪，比如 Leap Motion 和 NimbleVR（Oculus 公司，美国）这样的深度传感器，第二种是将传感器戴在手上的数据手套。

光学跟踪的优势在于使用门槛低，场景灵活，用户不需要在手上穿脱设备，而且 VR 一体机上可以直接集成光学手部跟踪用作移动场景的交互方式。但是其缺点在于视场受限，以及需要用户付出脑力和体力才能实现交互，使用手势跟踪会比较累而且不直观，没有反馈。这需要良好的交互设计才能弥补。

一般在数据手套上集成了惯性传感器来跟踪用户的手指乃至整个手臂的运动。它的优势在于没有视场限制，而且完全可以在设备上集成反馈机制（比如震动、按钮和触摸）。它的缺点在于使用门槛较高，用户需要穿脱设备，而且作为一个外设其使用场景也会受限。

这两种方式各有优劣，可以想见在未来这两种手势跟踪在很长一段时间会并存，用户在不同的场景以及不同的偏好使用不同的跟踪方式。图 4-21 是 Leap Motion 手势跟踪示意图。

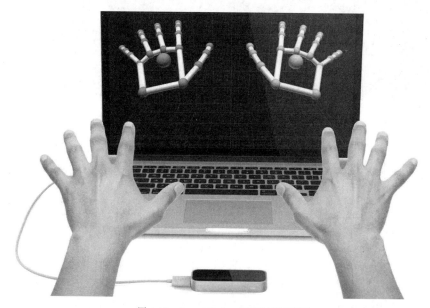

图 4-21　Leap Motion 手势跟踪示意图

7. 眼部追踪

眼部追踪可以成为虚拟现实（或）增强现实头盔的标准外设。追踪注视方向可以带来许多好处。例如，"中心凹型渲染"通过眼部追踪数据来优化 GPU 资源，在中央视觉区域显示高分辨率图像，周围则是较低分辨率。了解注视的方向可以让互动更加自然。

大多数眼部追踪系统使用眼睛和红外（IR）光照相机。IR 照亮眼睛，还有对 IR 分析反射敏感的相机。光的波长通常为 850nm，在 390 ～ 700nm 的可见光谱之外。眼睛不能检测到照明，但相机可以。相机捕获的图像经过处理，然后确定瞳孔的位置，可以依靠检测到的眼睛估计注视的方向。处理过程有时可以在 PC、手机或其他处理器上完成。其他供应商开发了专用芯片，可以从主 CPU 分流处理。如果眼部追踪相机检测到了双眼，就可以组合双眼的注视读数，估计用户在实际或虚拟 3D 空间中的固定点。眼部追踪系统需要相机根据眼睛的运动进行补偿。例如，头显可以同步眼睛的滑动和移动。眼部追踪的示意图如图 4-22 所示。

图 4-22　眼部追踪示意图

8. 肌电模拟

人体的动作由骨骼和肌肉配合产生，肌肉的两端肌腱附着在骨骼上，中间是肌肉纤维，神经系统发送到肌肉的控制信号最终的表现是一种电流，当肌肉纤维受到电流刺激时，产生收缩，通过肌腱带动骨骼，最终产生动作。肌电信号和动作间有直接关系。手部动作的控制信号在手臂位置可以通过生物传感器捕获。

以 VR 拳击设备 Impacto 为例，如图 4-23 所示，Impacto 结合了触觉反馈和肌肉电刺激精确模拟实际感觉。具体来说，Impacto 设备分为两部分：一部分是震动马达，能产生震动感，这个在一般的游戏手柄中可以体验到；另外一部分，也是最有意义的部分是肌肉电刺激系统，通过电流刺激肌肉收缩运动。两者的结合能够在恰当的时候产生类似真正拳击的"冲击感"，给用户带来一种错觉，以为自己击中了游戏中的对手。

然而，业内人士对于这个项目有些争议，目前的生物技术水平无法利用肌肉电刺激来高度模拟实际感觉，即使采用这种方式，以目前的技术能实现的也是比较粗糙的感觉，这种感觉对于追求沉浸感的 VR 也没有太多用处，还不如震动马达。

9. 语音交互

在 VR 中海量的信息淹没了用户，使用者不会理会视觉中心的指示文字，而是环顾四周不断发现和探索。如果这时给出一些图形上的指示还会干扰到使用者在 VR 中的沉浸式体验，所以最好的方法就是使用语音，和使用者正在观察的周围世界互不干扰。这时如果使用者和 VR 世界进行语音交互，会更加自然，而且它是无处不在无时不有的，用户不需要移动头部和寻找

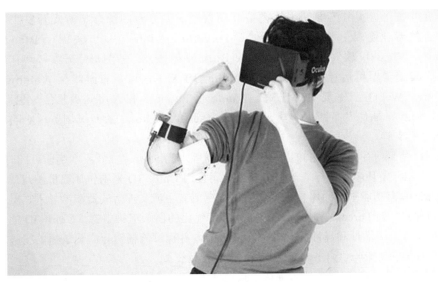

图 4-23　Impacto 设备示意图

它们，在任何方位任何角落都能和它们交流。

语音交互的一般包括以下 6 个模块。

（1）语音识别模块。实现用户输入语音到文字的识别转换，识别结果一般以得分最高的前 $n(n \geqslant 1)$ 个句子或词格形式输出。

（2）语言解析模块。对语音识别结果进行分析理解，获得给定输入的内部表示。

（3）问题求解模块。依据语言解析器的分析结果进行问题的推理或查询，求解用户问题的答案。

（4）对话管理模块。语音交互的核心部分，一个理想的对话管理器应该能够基于对话历史调度人机交互机制，辅助语言解析器对语音识别结果进行正确的理解，为问题求解提供帮助，并指导语言的生成过程。可以说，对话管理机制是语音交互的中心枢纽。

（5）语言生成模块。根据解析模块得到的内部表示，在对话管理机制的作用下生成自然语言句子。

（6）语音合成模块。将生成模块生成的句子转换成语音输出。

4.4　虚拟现实开发引擎

虚拟现实引擎是给虚拟现实技术提供强有力支持的一种解决方案。主要用于虚拟现实内容开发的交互开发。目前主流的虚拟现实开发引擎是 Unity 3D 和 Unreal Engine。除此之外还有许多各具特点的 VR 引擎，可谓百花齐放。

4.4.1　Unity 3D

Unity 3D 是由丹麦的 Unity Technologies 公司开发的一个让玩家轻松创建诸如三维视频

游戏、建筑可视化、实时三维动画等类型互动内容的多平台的综合型游戏开发工具，是一个全面整合的专业游戏引擎。Unity 类似于 Director（Adobe 公司，美国）、Blender Game Engine 组件、Virtools 软件或 Torque Game Builder 等把交互的图形化开发环境作为首要方式的软件。其编辑器可运行在 Windows 和 Mac OS X 下，可发布游戏至 Windows、Mac、Wii、iPhone、WebGL（需要 HTML5）、Windows Phone 8 和 Android 平台，也可以利用 Unity Web Player 插件发布网页游戏，其支持 Mac 和 Windows 的网页浏览。它的网页播放器也被 Mac 所支持。

Unity 3D 是目前行业内应用较广的平台，最新版本为 5.6。从 2.6 版本起即可同时在 PC 以及 MAC 工作站开发环境下运行，一些多媒体公司使用 Unity 3D 来制作计算机游戏或者手机游戏。Unity 3D 具有功能丰富的用户操作界面，支持所有主流文件格式资源的导入，支持多种格式的音频和视频，对 DirectX 和 OpenGL 拥有高度优化的图形渲染支持。Unity 3D 的着色器系统整合了易用性、灵活性和高性能几种特点，低端硬件也可流畅运行广阔茂盛的植被景观，并且提供了具有柔和阴影与烘焙 lightmaps 的光影渲染系统。

自 2005 年以来，Unity 3D 技术提供了最强大和最易用的多平台游戏开发套件，数万全球的开发者使用 Unity3D 的产品。Unity 3D 的平台已开始用于开发世界一流的游戏。随着 Unity 3D 平台最新版本的发布，Unity 3D 已经开始为开发大型网络游戏积极向前推进，Unity 3D 现在完全支持 Subversion、Perforce，与 Visual Studio 完整的一体化也增加了 Unity 3D 自动同步 VS 项目的源代码功能，实现所有脚本的解决方案和智能配置。

Unity 3D 主要使用脚本语言进行交互程序的编程，由于 Unity 3D 内置了 NVIDIA PhysX 物理引擎和 AI 人工智能，在游戏制作方面支持优秀的全实时多人游戏物理特效以及在网络支持方面可实现从单人到多人联机游戏的开发制作。国内外目前在使用 Unity 3D 开发三维交互式房地产展示方面的应用也层出不穷，并逐步成为行业内的主流平台。

Unity 3D 最明显的优势是支持多应用平台发布，除了为 PC 开发应用程序，还可以为 Android 系统的智能设备、苹果 iPhone、iPad、Wii 游戏机、Xbox 游戏机等各类平台开发应用程序和游戏。Unity 3D for iPhone 发布后，已有超过 325 场比赛使用的是 Unity 3D 的引擎来推动自己的 iPhone 游戏，其中包括美国的 Zombieville，一项由销售单位计算的前 10 名热门 iPhone 游戏之一，也使得 Unity 3D 成为国内外流行的游戏软件开发平台。在脚本方面支持 JavaScript、C#、Boo 三种脚本语言，功能强大。

Unity 支持所有主流的头戴显示器，是跨平台支持中最好的，支持的平台有 Windows PC、Mac OS X、Linux、Web Player、WebGL、VR(包括 Hololens)、SteamOS、iOS、Android、Windows Phone 8、Tizen、Android TV、Samsung SMART TV、Xbox One、Xbox 360、PS4、Playstation Vita 和 Wii U 等。

Unity 支持所有主流的 3D 格式，而且支持创作 2D 游戏需要的最好的格式。内置的 3D 编辑器并不强大，但是有很好的插件可以进行增强。Unity 3D 是最流行的游戏引擎，市场占有率高达 47%。图 4-24 为 Unity 3D 运行界面。

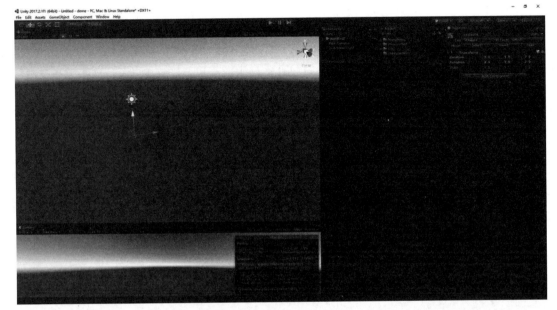

图 4-24　Unity 3D 运行界面

4.4.2　Unreal

第一代虚幻游戏引擎（英文名是 Unreal Engine，UE）在 1998 年由 Epic Games 公司（美国）发行。当时 Epic Games 公司为了适应游戏编程的特殊性需要而专门为虚幻系列游戏引擎创建了一种名为 Unreal Script 的编程语言，该语言让这个游戏引擎变得非常容易且使用方便，因而这个游戏引擎开始名声大振。

2002 年，Epic 发布了下一代游戏引擎 UE2。这时候，在虚幻引擎提供的关卡编辑工具 UnrealEd 中，能够对物体的属性进行实时修改。它也支持了当时的次世代游戏机，像 PlayStation2、Xbox 等。

2006 年，Epic 发布了下一代游戏引擎 UE3，这可能是最受欢迎和广泛使用的游戏引擎。这时候的 UE3 又发布了一个极其重要的特性工具，那就是 Kismet 可视化脚本工具，Kismet 工作的方式就是以用各种各样的节点来连接成一个逻辑流程图。其最强大的地方在于，使用 Kismet 甚至不需要掌握任何编程知识。借助 Kismet 开发者可以不需要写一行代码来开发一个完整的游戏。

2014 年 5 月 19 日，Epic 发布了 Unreal4，目前最新也是 Unreal4。这次版本换代也有了巨大的改变，它已经完全移除了 Unreal Script 语言，并且用 C++ 语言来代替它。在之前的版本，如果想修改这个引擎来开发新的游戏，必须用 Unreal Script 来完成，也就意味着开发者要学习一门新的语言。不过现在，这一工作能用 C++ 轻松完成。

不但如此，游戏引擎的源代码已经可以从 Github 开源社区下载。这意味着开发者对游戏引擎有着绝对的控制权。开发者可以修改任何东西，包括物理引擎、渲染和图形用户界面。

该引擎也提供了热更新功能。通常，必须要停止游戏才能进行代码的修改，然后再次运行游戏才能看到修改后的效果。如果使用热更新功能，开发者不需要停止或暂停游戏即可开始修改，任何在游戏代码中的改变会即时更新，并且在游戏中实时反映出来。

UE4 提供的另一个特性是商城，用户可以在商城中购买和上传游戏资源。这些游戏资源可以包括动画、3D 建模、材质、声音效果、预制游戏等。没有游戏资源或者没有人力来开发资源的开发者可以商场购买并直接应用于自己的游戏中。开发者也可以上传自己的工作成果到商城来赚钱。

Unreal 是 Unity 3D 的直接竞争者。Unreal 同样有着出色的文档和视频教程。Unreal 较之其他竞争对手的一大优势是图形能力：Unreal 几乎在每个领域都更进一步，地形、粒子、后期处理效果、光影和着色器，所有这一切看上去都非常出色。

Unreal 的跨平台支持能力稍逊 Unity，支持的平台有 Windows PC、Mac OS X、iOS、Android、VR、Linux、SteamOS、HTML5、Xbox One 和 PS4。Unreal 4 运行界面如图 4-25 所示。

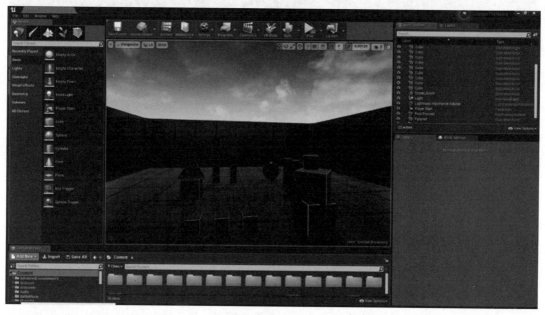

图 4-25　Unreal 4 运行界面

4.4.3　百花齐放的 VR 引擎

1. CryEngine2

CryEngine2 游戏引擎（CE2）是由德国 Crytek 公司旗下的工作室——Crytek-Kiev 优化、深度研究的游戏引擎。在某种方面也可以说是 CEinline 的进化体系。CE2 具有许多绘图、物理和动画的技术以及游戏部分的加强，是世界游戏业内认为堪比 Unreal Engine 的游戏引擎。目前 CE2 已经应用在各大游戏之中，CryEngine2 运行界面如图 4-26 所示。

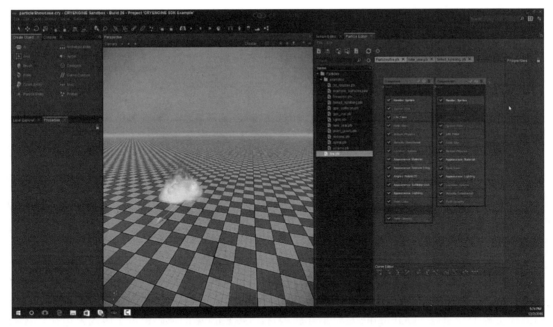

图 4-26　CryEngine2 运行界面

2．Source Engine

起源（source）引擎是一款 3D 游戏引擎，由 Valve 软件公司（美国）为了第一人称射击游戏——《半条命 2》开发的，并且对其他的游戏开发者开放授权。起源引擎是一款次世代游戏引擎，其兼容性、灵活性、完整性使其成为游戏开发者手中最强大的工具。起源技术结合了尖端的人物动画、先进的 AI、真实的物理解析、以着色器为基础的画面渲染，以及高度可扩展的开发环境，用以创作一些最流行的电脑和主机游戏。Source 这个词早在 Valve 第一代游戏——《半条命》时代就有出现。在《半条命》游戏文件夹中，引擎文件夹有着两个部分：Gold Source 和 Source。他们把成熟的技术放在 Gold Source（金牌起源）中，而未成熟的技术则放在 Source（意为起源）中，今天，Valve 的梦想已经实现，他们当年渴望实现的技术已经浓缩在了这个强大的引擎——起源引擎中。

作为一款整合引擎，起源引擎可以对开发者提供从物理模拟、画面渲染到服务器管理、用户界面设计等所有服务。引擎附带"起源开发包"和"起源电影制作人"两款程序，前一个可以制作游戏，而后一个更是业界首个专门制作游戏电影 CG 的程序。

"起源软件开发包"（SDK）带来的是新的游戏制作方案，大部分游戏团队都把精力放在游戏的渲染和制版上，但起源引擎提供了最好的平台，让开发者把时间和精力放在游戏的特色上。总之，起源引擎的目的并不是渲染多么出色的画面，而是提供最优秀的游戏开发平台。

"起源电影制作人"释放了游戏电影制作者的想象力，游戏电影制作者再也不必拘束于游戏系统规定的条条框框。利用"起源电影制作人"，你可以利用任何一款起源游戏具有的场景和人物，手动调整其表情和动作，完成自己的作品。同时，下载"起源电影人"不需要任何费用，只需要在 steam 上拥有一部起源引擎游戏即可实现。

3. Cocos 3D

Cocos 3D 引擎是触控科技研发的一款 VR 游戏引擎，代表作品有捕鱼达人、我叫 MT、2048 等，用户多为东亚游戏开发者，但大多是用于开发小型游戏。

目前，Cocos 引擎是国内比较知名的开源引擎，占有量非常大，不仅能够帮助开发者便捷开发游戏，还可以实现 VR 硬件的对接和输入，Cocos 引擎里专门配有集成 VR 模式，方便开发者进行 VR 开发。但 Cocos 引擎原本只是一个 2D 游戏引擎，而对 3D 及 VR 的引擎优化并非一蹴而就，所以相比 Unreal 这些国际主流引擎来说，Cocos 3D 存在相当差距，未来需要进行更多的改进。

4. OGEngine

OGEngine 是国际著名开源引擎——AndEngine 的一个分支，遵循 LGPL 开源协议开发出来的 Android 程序引擎，使用 OpenGL ES2 进行图形绘制。同时集成了 Box2D 物理引擎，因此可以实现复杂的物理效果。OGEngine 主要使用 Java 语言开发，但针对大运算量的耗时功能时，OGEngine 使用了 C/C++ 本地代码进行开发，如物理引擎及音频处理。开发者只需要关注 Java 端就可以了，它已经把所有的本地代码封装好了。相比于其他 Android 游戏引擎，OGEngine 的效率优势十分明显。OGEngine 是一个开源项目，OGEngine 的源码由橙子游戏公司托管，版本由橙子游戏公司统一发布。

5. 无限 VR 引擎

无限 VR 引擎是北京无限时空网络技术有限公司推出的国内首个次世代虚拟现实引擎，可在保证次世代画面效果的同时，大幅提升运行效率。其较低的学习门槛帮助了 VR 从业者更快地制作出优质 VR 作品，积极推动中国虚拟现实行业的发展。

无限 VR 引擎历时 5 年开发完成，对 VR 的特性做了大量深度定制开发，包括针对 VR 的双目渲染特性做了多重优化，支持主流头显设备、主流手柄输入以及手势识别系统，还包括体感仿真枪械以及角色定位等模块，支持虚拟现实 3D 界面等。在保证拥有同样画质的前提下，运行效率更高。与此同时，无限 VR 引擎还针对移动平台和 VR 进行了定制优化，开发了一整套软件层接口代理，开发人员不需要考虑各种头盔的 SDK 接入问题，只需要随时更新代理层插件就可以支持各种硬件头盔。

4.5 虚拟现实内容开发案例

本节将通过对一个虚拟现实内容开发案例的讲解来介绍具体的虚拟现实内容开发过程。

4.5.1 制作展柜三维模型

本案例使用 3ds Max 制作展柜三维模型。展柜三维模型制作完成后，整体的效果如图 4-27 所示。

图 4-27　展柜三维模型

步骤 1：切换到 3ds Max 顶视图，单击"创建"命令面板上的 Box 按钮，在顶视图中拖动创建一个长方体，并在其修改参数中将长和宽修改为 0.5m，高修改为 1.2m，如图 4-28 所示。

图 4-28　创建长方体

步骤 2：选中模型，右击，把模型转换为可编辑多边形。因为后续需要在模型上进行一些编辑操作，所以这一步是必不可少的，如图 4-29 所示。

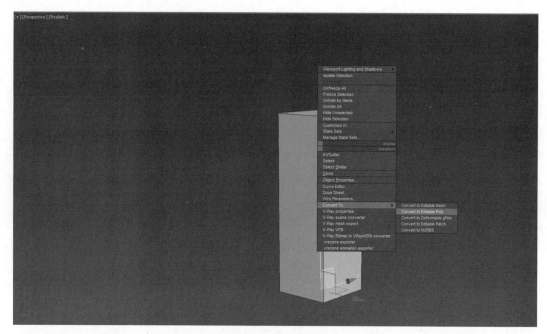

图 4-29 转换为可编辑图形

步骤 3：进入模型线级别，选择模型周围的四条线段，单击连接按钮，参数如图 4-30 所示，这个参数不是固定的，可以根据具体模型来设置。

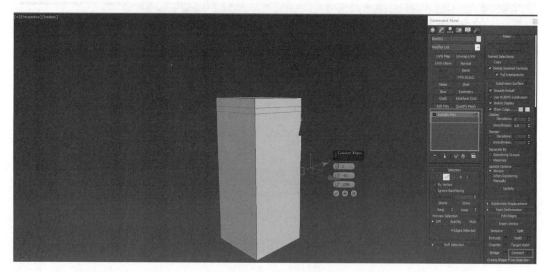

图 4-30 连接线段

步骤 4：进入级别，选着中间分段出来的面，单击挤压按钮，参数如图 4-31 所示，图中的挤压命令要单击挤压后面那个小框，这样才可以进行参数的调整，如果直接单击，不会出现参数设置，需要把鼠标放到模型上面进行移动来挤压。

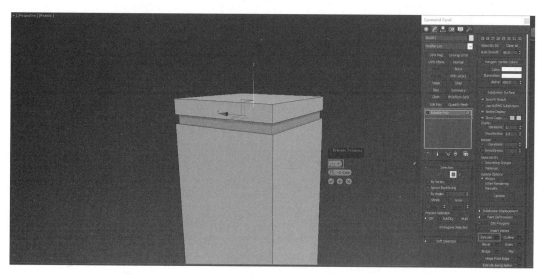

图 4-31　挤压分段面

步骤 5：选中模型最上面的面，按住 Shift 键沿 Z 轴向上复制，这一步可以在挤压前进行，如图 4-32 所示。

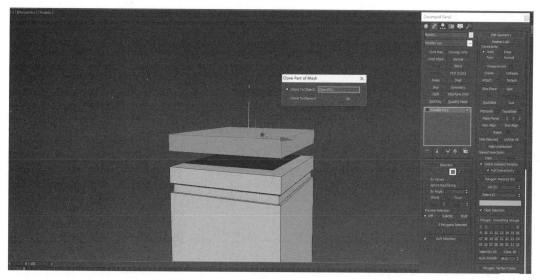

图 4-32　复制模型最上面的面

步骤 6：选择复制出来的模型，把坐标归到模型中心，这一步的目的是为了模型在进行移动或者别的命令时容易操作，如图 4-33 所示。

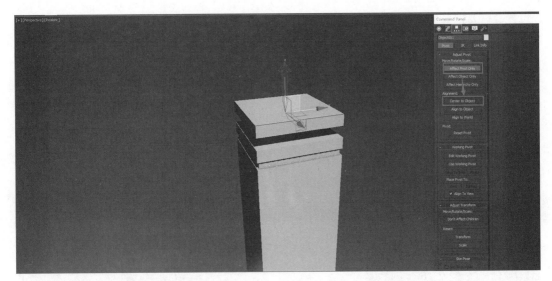

图 4-33 重置坐标系

步骤 7：选择复制出来的模型，进入点级别，开启捕捉工具，切换成 2.5。进入左视图，选择模型下面的点，捕捉到原模型最上边的点的位置，捕捉工具能使得模型制作更精确，如图 4-34 所示。

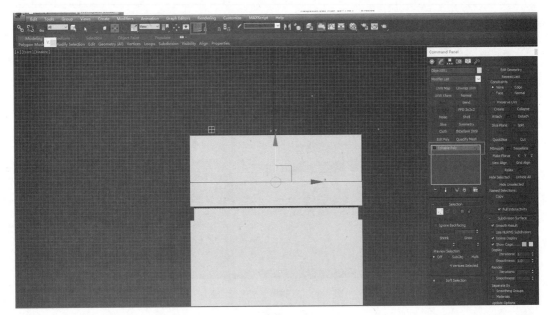

图 4-34 使用捕捉工具示意图

步骤 8：选择模型上面的点，按 F3 键进入线框显示，朝 Z 轴方向调整点的位置，调整到接近正方形即可，如图 4-35 所示。

图 4-35　调整点的位置

步骤 9：按 M 键，在出现的材质面板上选择一个材质球，赋予到柜体上面，并调整它的漫反射颜色，如图 4-36 所示。

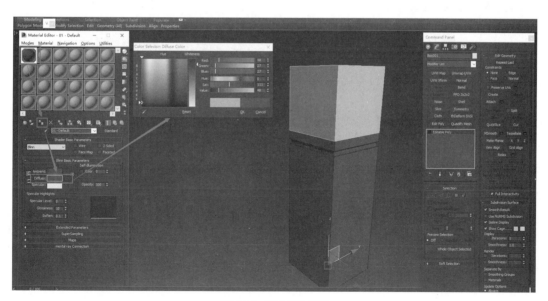

图 4-36　赋予柜体材质

步骤 10：再选择第二个材质球，把材质赋予到上面的玻璃柜上面，修改漫反射颜色，并且调整一下它的不透明度，如图 4-37 所示。

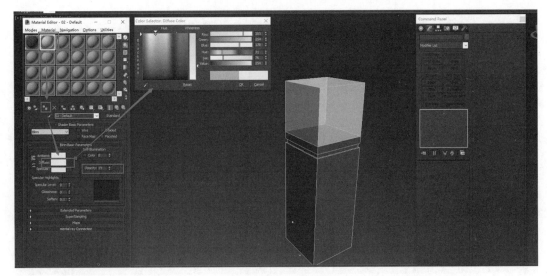

图 4-37　赋予玻璃柜材质

　　至此一个简单的展柜就制作完成了，按 F9 键对透视图进行渲染，效果如图 4-38 所示。当然这只是一个简单的模型，如果想更深入地进行模型制作，可以继续进行细节的操作，比如柜体的倒角和一些细微的结构。

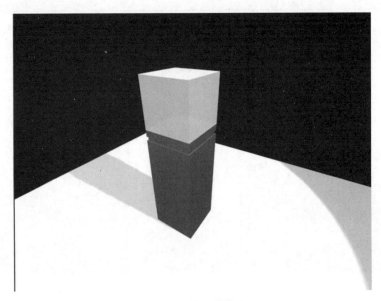

图 4-38　展柜三维模型

4.5.2　展柜模型的交互开发

　　本案例中针对 4.5.1 节中开发的展柜三维模型，利用 Unity 3D 开发并实现展柜模型简单的旋转和移动交互。

　　在用 Unity 3D 制作前，需要把之前做好的展柜模型导出 FBX 格式，方法如图 4-39 所示。

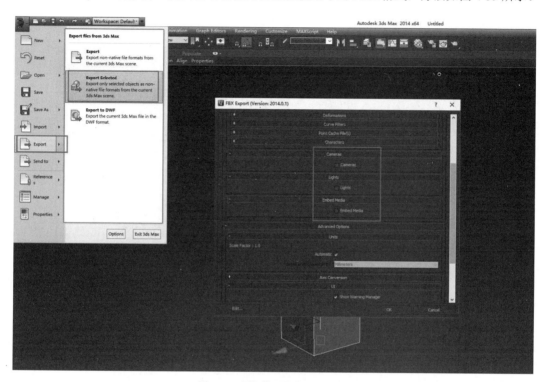

图 4-39　展柜模型导出 FBX 格式

　　步骤 1：打开 Unity 3D，新建一个项目命名为 zhangui，单击创建按钮，如图 4-40 所示。

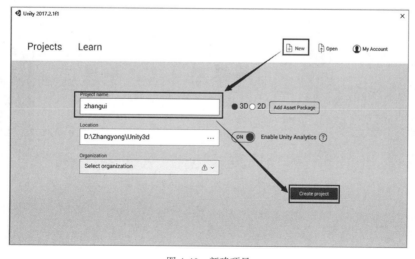

图 4-40　新建项目

步骤 2：新建文件夹并命名。在 Project 面板右击空白处，选择 Create → Folder 命令，或者直接单击面板上面的 Create 按钮进行创建文件夹，命名为 Model，再次创建文件夹，命名为 Script，如图 4-41 所示。

图 4-41　新建文件夹

步骤 3：模型导入。首先选择 Assets → Import New Assets 命令，选择导出的模型，单击 Import 进行导入，然后把导入的模型放入 Model 文件夹中，也可以直接把 FBX 文件直接拖曳到 Project 面板中的 Model 文件夹，如图 4-42 所示。

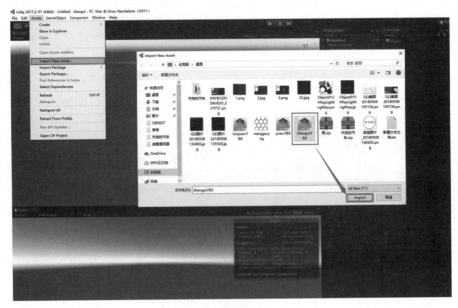

图 4-42　模型导出

步骤 4：选择导入模型。按住鼠标左键拖曳至 Hierarchy 面板，这样模型就会在 Scene 视图中显示，如果没有看到，按一下 F 键，如图 4-43 所示。

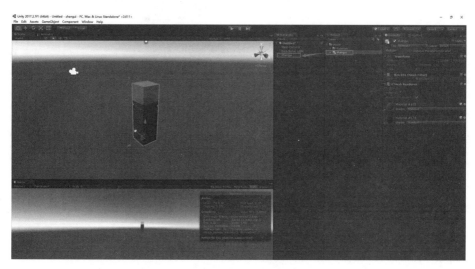

图 4-43　拖入模型

步骤 5：调整摄像机视角。在 Hierarchy 面板中，选择 Main Camera，通过移动旋转来调整摄像机视角，调整一个满意的角度为止，透过观察 Game 视图来调整，如图 4-44 所示。

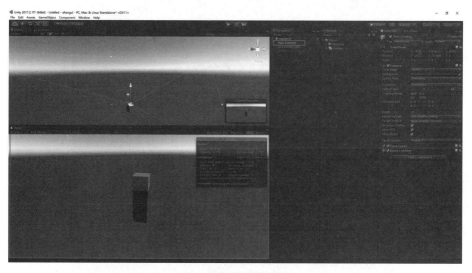

图 4-44　调整摄像机视角

1．模型旋转功能的实现

步骤 1：选择 Script 文件夹。右击，选择 Create → C# Script 命令创建脚本，命名为 GoodRotation，双击打开，如图 4-45 所示。

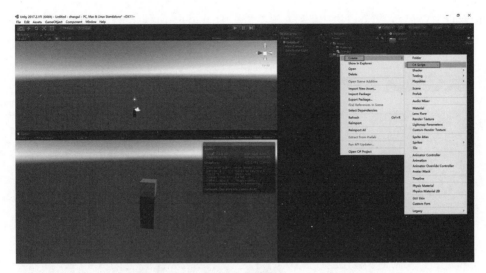

图 4-45　创建脚本

步骤 2：代码编写。根据下面的代码进行功能编写，红框里边的这个名称要一致，写完后保存，如图 4-46 所示。

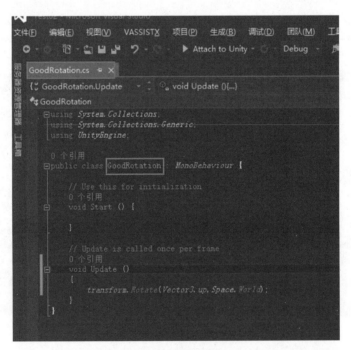

图 4-46　代码编写

步骤 3：挂载脚本。在 Project 面板选择 GoodRotation 脚本，单击鼠标左键拖曳至 Hierarchy 面板中 zhangui 上面，然后单击播放按钮，这样就能看到场景中的模型在旋转，如

图 4-47 所示。

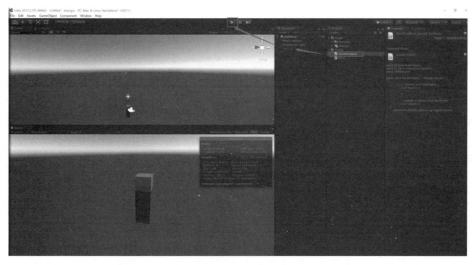

图 4-47 挂载脚本

2. 模型位移功能的实现

根据旋转功能的实现步骤进行位移功能的实现,播放后按键盘上的 W、S、A、D 这 4 个按键来控制模型的前后左右移动,代码如图 4-48 所示。

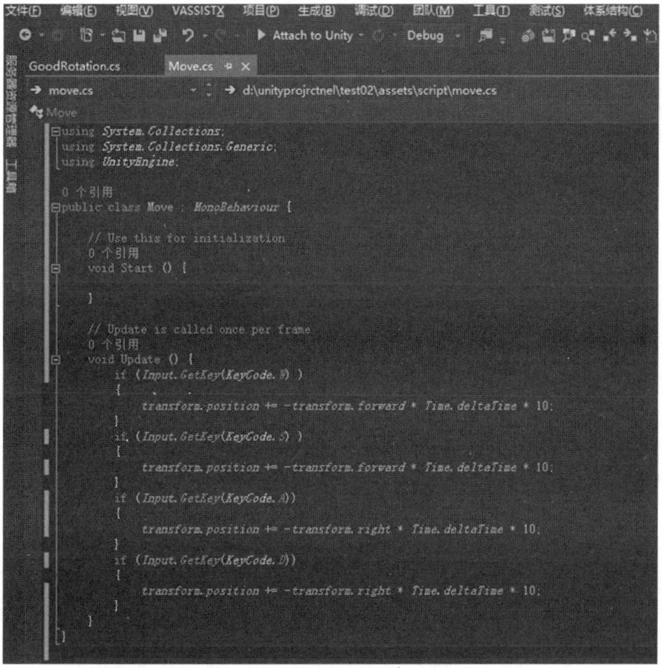

图 4-48 位移功能的代码编写

4.6　本章小结

本章讲解如何完成虚拟现实内容的设计与开发流程，主要包括 5 个方面的内容。

（1）虚拟现实内容设计。

（2）虚拟现实内容制作。

（3）交互功能开发。

（4）虚拟现实开发引擎。

（5）虚拟现实内容开发案例。

不难看出，5 个方面的内容层层递进。第 1 节内容明确了设计的目标与原则，介绍了一般的设计开发流程。第 2 节讲述手工建模、静态建模与全景拍摄 3 种虚拟现实内容制作方式，并介绍相应的工具。第 3 节讲述交互功能开发步骤，还介绍了虚拟现实应用的主要交互方式。第 4 节解决虚拟现实内容开发的工具，详细介绍了 Unity 3D 和 Unreal 两种常用引擎，简略介绍了 CryEngine 等 5 种其他引擎。第 5 节则结合前 4 节内容，设计了两个简单的例子，带领读者完整体验虚拟现实内容的设计与开发流程。

第 5 章

VR 娱乐

　　游戏，是人类与生俱来的本能，也是动物与生俱来的本能，无论是人还是动物都有自发性的嬉戏玩闹行为。游戏与动物的交往互动能力密切相关，当动物与外部环境或其他动物产生互动时，就会产生游戏行为。动物通过游戏行为提高肢体和脑部互相协调能力、大脑认知能力，也在游戏过程中学习世界的规律。

　　人类的游戏相对动物更加多样和复杂。既有消遣、放松为主的游戏如麻将、扑克等，也有体系完备、竞争激烈、目的性明确的游戏如篮球、足球等各项体育活动。随着计算机技术的发展，人类借助电脑设计出了更为复杂游戏。电子游戏种类繁多，包罗万象，有的能够让人体验现实世界无法尝试的活动，有的能让人从宏大的视角俯视一场战争，有的甚至在一定程度上影射人类社会的各种政治经济现象。游戏行为的重要性在许多心理学者眼中都作为人类的本质属性之一，对人类的发展有着重要的促进作用，绝不仅仅是一种无聊的消遣。

5.1　游戏的分类和电子游戏

根据不同的需要，游戏的分类也可以不同。既有有限游戏和无限游戏这种学术性的分类；也有按照游戏参与者的不同划分的人类游戏和动物游戏，前者又可分为成年游戏、青少年游戏、儿童游戏；还可以按照游戏领域不同，划分为体育游戏、政治游戏、社交游戏等。游戏的分类并不唯一，只在特定目的下进行分类才具有意义。在这里将游戏分为电子游戏和其他游戏两大类。

相对于无电脑介入的游戏，电子游戏有着巨大优势。电子游戏互动方式更加丰富。互动和反馈是游戏的重要组成元素。婴儿在玩耍时，可以不厌其烦地拍打、投掷或啃咬一个小小的塑料球。塑料球在不同的动作影响下，呈现出不同的状态，这就是互动和反馈。也就是说，有互动成分——不论是人与自然或环境、人与物或与人的互动——是游戏成立的前提。而互动成分的多寡，很大程度上决定了游戏的复杂程度，也影响着游戏者的积极性。而电脑这一科技史上的重大发明，在与游戏相融合以后，催生出了全新的互动环境，丰富了游戏的概念。有电脑介入的电子游戏可以为参与者营造一个具有特定规则的互动环境。游戏者在这个环境中或为实现一定的目标而不断挑战其他玩家；或为实现开放式的，无严格目的性的自我满足行为；或以游戏为媒介与他人进行社会交往。丰富的互动方式极大地解放了游戏设计者的创造力，让电子游戏有了更加多样的玩法。

电子游戏细节更丰富。电子游戏在构筑游戏空间上有任何媒介都无法媲美的能力。"跳房子"中的空间是以线条构成，需要更多的想象来获得意义，是抽象的；而电子游戏构筑的空间，以画面、声音、色彩等丰富的信息组合，更为具体而实在。

电子游戏能产生可变化的游戏结果。对于非电子游戏，很难构筑一个流动的、具有丰富细节的游戏空间。电子空间的特征就是无形、可编程、可控、高效率，传统游戏空间中较为复杂的如游乐场，需要投入大量资金、人力物力去建筑，而且一旦建成后无法改变，只能实现其预定的游戏功能。

电子游戏是人的视觉、听觉和触觉的综合延伸，尤其是触觉的延伸。例如电子游乐场中的赛车游戏，玩家坐上仿真赛车，通过和赛车手类似的一系列操作，在仿真的环境中体验赛车的速度感，给人真实开赛车的感觉。电子游戏的信息环境越来越真实，人们对电子游戏的要求也越来越高，例如在"反恐精英"这款模拟真实视角（第一人称）的设计游戏中，不同种类的枪械其杀伤力、子弹射速、后坐力甚至弹道轨迹都按照真实枪械设计，但是只靠显示器无法还原出拟真度如此高的环境，更难以模拟触觉的丰富细节，因此电子游戏必然要走向更高的阶段——与虚拟现实技术融合。

5.2　虚拟现实：更高阶段的游戏体验

虚拟现实的最初阶段，是作为工业和军事目的的工具而出现的，但其受到消费市场的关注，成为大众传媒中常见的高频词，则是以其在娱乐领域的巨大潜力为背景。尤其在电子游戏中，虚拟现实技术可以大大增强游戏的真实感、沉浸感，在更高层次上刺激人的兴奋感。20世纪 60 年代至今，电子游戏形式从未脱离平面视觉体系。游戏以画面为表达方式，以机械和电子装置为操控手段，以电脑程序为互动系统，游戏者通过装置与电脑进行互动。大部分电子游戏可以看作是电脑提供一个竞争规则，来挑战游戏者；对于网络游戏而言，游戏者除了和电脑程序互动外，还与其他游戏者进行互动，构成了一个类似真实社会的具有公共空间的虚拟世界。三维动画技术相对平面动画而言是一个突进，它的出现使得电子游戏空间可以营造"第一人称视角"，模拟人的视觉活动方式，增强游戏者的体验；网络技术提供了游戏者交往空间；虚拟现实技术则更进一步，使人身临其境。虽然从技术上看，虚拟现实不过是把平面显示器改为头戴显示器，但这个不起眼的改动，对于人的感受来说，已经是天壤之别。三维、网络、虚拟现实，当它们各自作为单独的要素出现时，对游戏的推进是有限的，并非革命性的；而当它们三者都达到一定成熟水平，同时融合后，革命性的一幕出现了。那就是虚拟现实电子游戏所构成的新空间。

在人类漫长的想象力历史中，无数的艺术家、哲学家、普通人都有过对抽离这个物理世界的创造性思想，包括小说、电影、诗歌、画作、游戏，它们不仅仅是个人的奇思，更是人类对现实制约的反抗和对完美世界的渴望。然而这些艺术形式没有任何一个能够同时实现视觉、互动、交往、沉浸的效果，无法让人"以身体进入"。想象空间只存在于创作者的头脑和作品中，受众无法接触这个空间，也只能通过想象自行"脑补"。虚拟现实彻底改变了这一切，其所营造的空间，即所谓革命性正在于，从此人们可以真正"进入"想象空间，"进入"新世界，与新世界互动。新世界不再是无形的、不可触碰的，而是有形的、可以互动的，不再是一种虚无，而是一种实在。

虚拟现实技术与电子游戏、互联网结合的结果，是在以往电子游戏的平面人机互动基础上变革为三维沉浸人机、人人互动的虚拟世界娱乐。从某种程度上讲，从虚拟世界中脱离变得更困难。游戏者的注意力被完全投射在虚拟现实游戏世界中。传统的电子游戏是面对屏幕，操纵游戏手杆或电脑键盘，只有屏幕这块小小的空间属于游戏世界，人的视觉、听觉都受到客观环境的干扰；而在虚拟现实带来的与现实完全隔绝的游戏环境里，游戏者完全投入，注意力完全沉浸在与虚拟现实中的电脑或通过网络与其他玩家互动中，这种情况下，游戏已经成为一个全新的世界环境，其所能带来的新奇感、刺激感，恐怕对成年人也有巨大的吸引力。

5.3　虚拟现实电子游戏的影响

虚拟现实在电影和电视领域的融合，在当前只是一种设想。然而融入电子游戏行业，是虚拟现实技术当前正在变为消费品的几乎唯一现实并正在进行中的方向。电子游戏本身的特性即营造想象空间，加之电子游戏内容制作方式的纯数字化，都非常契合虚拟现实的特性。电子游戏作为娱乐经济的一种，其发展速度是非常迅猛的。据统计，2013 年全球电玩市场规模达 930 亿美元，预计将在 2015 年攀升至 1110 亿美元。游戏作为人类的本能之一，在生产力得到极大解放后，会成为人们业余生活的重要组成部分，甚至形成沉溺或上瘾症状。由此催生的巨大市场，无疑会给人们的娱乐行为和日常生活带来非同小可的变化，对电子游戏行业本身也具有革命性的一面。

5.3.1　游戏用户更多，游戏时间更长、频率更高

从游戏形式发展来看，从简单游戏向复杂游戏的演变，反映了人类生物性的追求，即快感、刺激和兴奋等生理欲望的潜在诱惑。简单的游戏形式，例如石头剪刀布，到稍微复杂的形式，如象棋，再到电子游戏，人在这一系列游戏中获得的兴奋程度不断提高，而这源自玩家的高度自由和深度参与两方面。自由空间引发游戏者的好奇心和探索行为，无形中增加了游戏者的游戏时间；深度参与要求游戏者的手、眼、脑等器官必须在高度紧张的游戏环境下协调、同步，营造出更贴近游戏者心理的氛围环境。模拟人体动作格斗游戏、战略游戏、角色扮演游戏等一系列复杂多样的游戏形式在不同层面刺激人的生物性，使人获得超过其他游戏形式的体验。

在非电子游戏中也存在如体育比赛这样的激烈形式，但其形式和规则的单一化与电子游戏的多样化不可同日而论。因此推理可知，游戏给人的体验与刺激程度和游戏成瘾的可能性成正比，一个简单游戏不容易使人上瘾，因为它带给人的生理反应不如其他复杂形式的游戏，从生物性上讲，就是简单游戏带给人的、刺激人兴奋的复杂生化物质（如多巴胺）数量不如复杂游戏。如果理解了这一点，再看虚拟现实可能带给游戏人群的变化，就容易明了问题的实质。虚拟现实无疑是整合了前述所有核心刺激手段的工具，虚拟现实的特征又容易和电子游戏"无缝"结合，这种强大的潜在的刺激能力，对游戏而言，必然是超越之前所有游戏体验的娱乐媒介。虚拟现实电子游戏既然能带给用户如此强烈的游戏体验，则必然导致游戏用户数量增多、游戏时间更长、频率更高。对于电子游戏行业而言，将带来更大的市场规模和更高的收入。

5.3.2　虚拟现实电子游戏：虚拟生存的起源

虚拟生存所需的虚拟环境依赖于现实的物质基础却又独立于现实之外。人们以电子信息技术为核心，整合软硬件两方面资源，并搭配由设计者制定并由电脑模拟的规则，构建了一个相对独立的虚拟世界。虚拟世界的外在形式和内在规则可能与现实世界部分相同，也可能完全不同，这由设计者的取向以及设计目标所制约。如一个虚拟现实环境是为了某个电子游戏而存在，那么任何天马行空的想象都可以在这个世界合理化；但是若某个虚拟海底环境是为了遥控机器人打捞现实世界中的沉船提供一个直观的操作界面，那么这个虚拟现实环境则必须要和现实世界互动，需要保证与现实世界的一致性。

电子游戏的纯数字、纯娱乐特性，使得虚拟现实以这种方式最早进入人们的日常生活。但是电子游戏，还远远不能代表虚拟现实的全部，远不足以发挥虚拟现实革命性的功能。电子游戏的形态可以看成是未来更完善的虚拟生存的萌芽。生存的内涵比娱乐要广泛得多，人们在电子游戏中只能对电子游戏搭建的世界进行影响，却无力改变现实世界，程序规定了所有的互动行为只在虚拟的电子空间中发生并形成结果。但是生存却必然涉及对现实世界的改造。虽然今时今日的技术尚不足以支撑"虚拟生存"这一宏伟构想，只能以模拟的形式设计出一个个虚拟的独立空间，但是也许未来的某一天，在虚拟现实中，人可以实现各种在现实中无法实现的行为和目标，同时可以影响现实、改造世界、跨越梦想和现实的界限。

5.4　VR 游戏

目前，游戏的发展一共经历了文字 MUD 游戏、2D 游戏及 3D 游戏 3 个阶段。随着游戏技术的发展，游戏给人们的代入感越来越强，但是还不能完全提供沉浸式的体验。而三维游戏的虚拟现实技术的出现则使沉浸式的游戏体验成为现实。

2016 年年初，高盛发布了一份名为《VR 与 AR：解读下一个通用计算平台》的报告，报告中显示，预计 VR/AR 游戏将在 2020 年拥有 7000 万人的用户规模和 69 亿美元的软件营收；而在 2025 年，VR/AR 游戏的用户规模和软件营收将增长到 2.16 亿人和 116 亿美元。报告还称，因为硬件和软件的研发持续发展，同时游戏社区对该技术热情不减，游戏将是虚拟现实首个发展起来的消费者市场。

然而，在目前 VR 的发展中，很关键的一个挑战是，VR/AR 平台上不能完美地将现有的游戏移植过来。就目前来说，一个全新的游戏系列需要 7500 万美元到 1 亿美元之间的制作成本。如果市面上没有足够的 VR 硬件保有量，游戏发行商就会对投资 VR 游戏持谨慎态度。

但游戏产业发展速度较快，IDC 数据显示，2015 年全球手游市场规模达到了 350 亿美元，首次超越游戏主机市场规模。此外，Oculus 曾表示，旗下注册的开发者数量已经达到了 20 万。

目前，Steam 中的虚拟现实分类的游戏已经有几千个，其中不乏用户体验很好、评分较高的游戏。

5.4.1　涂鸦类游戏

1. Tilt Brush

Tilt Brush 是一款 Google 开发的基于 VR 的画图应用，可以适配 HTC Vive。这是一款可以让人在虚拟空间中绘画的软件。有人把它比作是魔法棒，也有人认为它是马良的神笔，图 5-1 ～图 5-3 分别展示了用户在 Tilt Brush 中绘制的火山、极地与服装。这款软件主要具有以下 3 个特点。

1）立体的作画空间

用户可以在三维的空间任意进行描绘，就像在现实的三维世界建造一样。比如说，用户可以先画一座房子，然后进入房子里边去装修墙壁，画上家具；也可以在房子周围画上各种各样的树，感觉就像现实生活中盖房子一样。

2）丰富的作画素材

通常用户在纸上作画用的是各种笔和颜料，在电脑上作画则是用鼠标或者数位板操控进行线条和色彩的搭配。而 Tilt Brush 还会支持许多全新的绘画材料，比如星星、激光、火花和光线等。相比于作画来说，更像是一个高级版的积木，可以让用户享受创造世界的感觉。

3）自由的作画环境选择

在使用 Tilt Brush 作画时，用户可以自由地选择各种特定的绘画环境，比如雪地、星夜等，就相当于给自己创造的世界加了一个背景。比如用户选择雪地作为背景时，会已经有一个堆好的雪人，用户可以给雪人画个帽子，加个装饰。

Tilt Brush 之于 VR 如同画图工具之于 Windows。在不远的将来，这款软件还会开发更丰富的功能，比如支持雕刻模式等，并且将会以开放的姿态引入各种第三方环境，这样，用户可以在 Tilt Brush 中进行更多的设计，例如建筑设计、服装设计、化妆等。

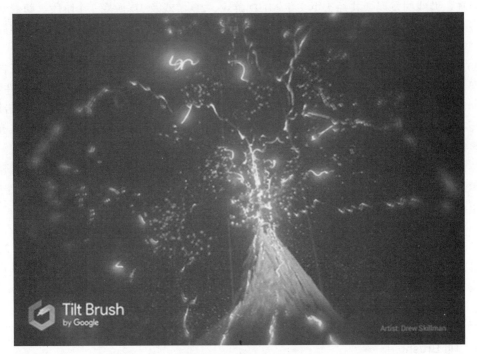

图 5-1　Tilt Brush 火山

图 5-2　Tilt Brush 极地

图 5-3　Tilt Brush 服装

2. 涂鸦模拟器（Kingspray Graffiti）

Kingspray Graffiti 是一款 VR 涂鸦模拟器，可以在 Oculus Rift 和 HTC Vive 上使用。用户通过使用运动控制器来模仿喷雾罐喷绘的动作，对着虚拟中的墙面进行涂鸦操作，非常具有可玩性。

Kingspray Graffiti 中的涂鸦操作具有真实的喷雾、滴灌等效果，用户画出来的涂鸦效果真实且还原度很高。同时，该应用还可以支持最多 4 名玩家同时在线使用，并且用户可以在虚拟世界中的任意一个地方进行其他的绘画创作。

Kingspray Graffiti 具有撤销和重做的功能，用户在进行涂鸦的时候不必像现实世界那种害怕手抖而不能随心所欲地进行创作。用户可以随时撤销自己的每一步涂鸦而不用担心是否一个大胆的动作毁了整个涂鸦。同时，游戏中具有在线 UGC 画廊的功能，在画廊里，用户可以随意下载其他人的作品，并将其添加到自己的作品中，且可以任意对这些作品进行修改。Kingspray Graffiti 示意图如图 5-4 和图 5-5 所示。

图 5-4　Kingspray Graffiti 示意图（1）

图 5-5　Kingspray Graffiti 示意图（2）

5.4.2　桌面类游戏

1. 狼人游戏（Werewolves Within）

Werewolves Within 是育碧旗下的一款 VR 狼人杀游戏，可以在 Oculus Rift 和 HTC Vive 上使用。这款游戏是由 Red Storm 开发的，属于育碧的首批多人 VR 游戏。和桌游的狼人杀类似，在这款游戏里，用户需要和自己的队友齐心合力，与对立的玩家斗智斗勇，狼人需要杀光所有村民或者神职，好人则需找出所有狼人即可获胜。

在游戏过程中，狼人玩家可以看到自己的狼人同伴，可以互相进行眼神和手势的交流。同时，玩家可以向左或者向右倾斜，启动耳语模式（Whisper Mode），可以秘密地跟旁人进行交谈而不被大家听到。同时，玩家可以站起来发言，并可以启动禁言其他玩家的演讲模式（Speech Mode），可以说出自己的观点而不被别人打断。图 5-6 和图 5-7 为 Werewolves Within 游戏内场景。

图 5-6　Werewolves Within 游戏内场景（1）

2. 巨龙前线（Dragon Front）

Dragon Front 是一款由游戏开发商 High Voltage 开发的基于 VR 的游戏，是基于 Oculus

图 5-7　Werewolves Within 游戏内场景（2）

Rift 平台使用的。

　　Dragon Front 游戏的玩法与暴雪的《炉石传说》类似，把炉石传说中的酒馆换成了两个敌对的堡垒。每个玩家拥有一个堡垒、一个战士和一些不同角色的卡牌，玩家可以利用这些和自己的敌对方进行作战，当玩家摧毁对方堡垒的时候，即为获胜。

　　该游戏为回合制游戏，拥有 4 条可以用来作战的 4 格的小道，构成了一个 4×4 的作战空间。玩家使用手中的牌，通过消耗 mana 的点数来打出卡牌，在每条小道上派遣不同角色进行作战。

　　玩家需要拥有统筹大局的能力，在开局就要决定刚开始的时候使用多少 mana 值，要留多少到后期放大招的时候使用。

　　这款游戏在玩法上并没有很出彩的地方，却因为是 VR 游戏而引起了轰动。Dragon Front 的每张卡牌都是独一无二的，会在游戏的时候转换成小型 3D 角色并配有自己的动画动作。

　　除了立体化的角色外，动态也是 VR 技术所带来的另外一项重要进步。传统的桌游中，玩家只能靠想象和计算来看到自己的攻击对于敌方的伤害，战斗过程只存在于摇骰子和纸笔的计算之中。但在 Dragon Front 中，玩家可以以完整的 360°立体视角和 90 帧 / 秒的刷新率亲眼看到己方的炮火对敌方的真实伤害。Dragon Front 游戏界面如图 5-8 和图 5-9 所示。

图 5-8　Dragon Front 游戏界面（1）

图 5-9　Dragon Front 游戏界面（2）

3. 空甲联盟：命令（Airmech: Command）

Airmech: Command 是一款支持多人在线联机的基于 VR 的即时战略游戏，由 Carbon Games 开发，可以在 Oculus Rift 和 HTC Vive 上使用。普通 PC 版的一切都可以在 VR 版本中展示，包括即时战略、飞行射击、推塔、动作等多种元素。玩家可以通过 Oculus Touch 或者 Vive 的体感控制器操控游戏中的角色进行战斗，还可通过手势的变化旋转整个地图，以便从最佳的视角操控整个战局，掌握瞬息万变的信息。Airmech: Command 游戏场景如图 5-10 ～图 5-12 所示。

图 5-10　Airmech: Command 游戏场景（1）

图 5-11　Airmech: Command 游戏场景（2）

图 5-12　Airmech: Command 游戏场景（3）

5.4.3　射击类游戏

1. 亚利桑那阳光（Arizona Sunshine）

Arizona Sunshine 是一款基于 VR 的第一人称射击类游戏，由 Vertigo Games 开发，可以在 Oculus Rift、HTC Vive 和 Windows Mixed Reality 上使用，可以为用户提供一种沉浸末日之后美国西南部地区僵尸横行世界的感觉。

用户需要凭借着仅有的几件动作控制类武器以及沿途搜寻到的稀缺武器和补给，突破一波又一波僵尸群的重重围困，找寻其他幸存者，才能最终获得胜利。

与普通 PC 版的射击游戏不同的是，VR 版的射击游戏在射击难度上会大大提升，因为在

VR 游戏中没有了瞄准辅助。然而 Arizona Sunshine 的开发人员设置了不同的射击难度：在简单模式中，玩家会有激光束帮助玩家更好地瞄准，而且，玩家无须精确瞄准就可爆头。在正常模式中，玩家需要精确瞄准，但是爆头并不困难。游戏还有难度最高的困难模式。

同时，Arizona Sunshine 也有多人游戏模式。用户需要学会协作，因为物资和弹药的数量有限，多人游戏模式就需要玩家们进行合作。

这款游戏大概需要 4 个小时通关。如果用户选择困难模式，或者与他人一起玩，游戏时间和体验都会非常不同。其中，游戏包括一个集群模式，允许 4 名玩家合作，对抗不断涌来的僵尸。Arizona Sunshine 游戏场景如图 5-13 所示。

图 5-13　Arizona Sunshine 游戏场景

2. 原始数据（Raw Data）

Raw Data 是一款由 Survios 公司出品的基于 VR 的第一人称射击游戏，可以在 Oculus Rift 和 HTC Vive 上使用。可能是目前 VR 最先进的第一人称射击游戏。

游戏的故事是一家邪恶的公司秘密窃取人脑，将其变成半机器人，并出售以谋利。玩家的任务是进入公司的总部，获取其邪恶计划的原始数据并公布。而当玩家下载这些数据时，突然遇到了大量的机器人攻击。

得益于 HTC Vive VR 耳机及其动作捕捉摄像头，玩家可以在 15 英尺[①]的方形空间中漫步和玩耍。在游戏中可以完成隐藏，射击敌人的行动。在游戏初始阶段时，玩家只有一支别在腰上的匕首和一把扛在背后的光剑。只要握紧手中的 Vive 手柄，即可同时握住两个武器。手柄上的触发键用于拍摄或延长光剑，而额外的键可让玩家进入子弹时间以完成多项爆头动作。

然而 Raw Data 中真正令人上瘾的是游戏环境的变换。在每次攻击之后，玩家会得到新的武器，比如一款泵式霰弹枪，玩家需要用自己的金属瞄具来瞄准射击；或者一个弓箭套装，射箭的每一步都必须由玩家自己完成。敌人越来越强大。从最初的老鼠机器人枪手再到稳健的忍者机器人，玩家的最终任务就是击败他们。同时，在 Raw Data 中，玩家可以多人协同进行游戏，可以和朋友联机一同制定策略，击退敌军。

---

① 1 英尺 =0.3048 米。

　　比起坐着观赏一些 VR 影片，以上这些要素更能给玩家带来生动的 VR 体验，让玩家真正行动并在游戏中战斗。开发者称："我们可以激发玩家天生的本能，他们不需要训练，他们只能依靠天生的直觉"。Raw Data 游戏场景如图 5-14 和图 5-15 所示。

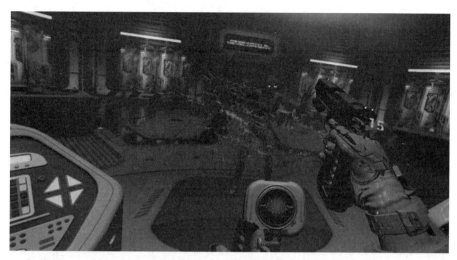

图 5-14　Raw Data 游戏场景（1）

图 5-15　Raw Data 游戏场景（2）

3. 机械重装（Robo Recall）

　　Robo Recall 是一款由 Epic Games 专门为 Oculus Touch 设计的一款 VR 游戏。在近 1900 条评价中，五星级好评占 83%，总体评价非常高，著名的外国媒体 IGN 也给 Robo Recall 打出了 8.5 的高分，IGN 还评论说：Robo Recall 是 VR 射击游戏的高质量优秀案例。

　　Robo Recall 讲述了在不久的将来，一群机器人发生暴乱，玩家将在这次冲突中扮演特工和机器人的角色，试图揭开暴乱背后的奥秘。故事情节方面有好莱坞科幻大片的风格。

作为一款 VR 的 FPS 射击游戏，武器设计自然是游戏设计中最重要的。在游戏中，游戏设计团队为 Robo Recall，设计了各种武器。玩家可以装备 4 件武器，整个游戏过程将不再只是使用一把枪。

除了武器的多样化外，Robo Recall 还能满足玩家的个性化定制需求。例如，游戏中的每种武器都有各种配件，例如增加红外瞄准，弹夹扩容，减小后坐力，增强功率等。这对于 FPS 游戏爱好者有很大吸引力。

目前，Robo Recall 有十个大型的关卡和几十个小任务，分属于不同的关卡，游戏时长很长，可以满足大多数玩家的需求。同时，每一个小关卡都有星级挑战任务，如果玩家可以在每个小关卡拿到五颗星，就可以开始进行"全明星"模式。Robo Recall 游戏场景如图 5-16 和图 5-17 所示。

图 5-16　Robo Recall 游戏场景（1）

图 5-17　Robo Recall 游戏场景（2）

5.4.4　竞技类游戏

1. 光环之球（HoloBall）

HoloBall 是一款由 TreeFortrress Games 公司开发的基于 VR 的竞技类游戏，可以在 Oculus Rift 和 HTC Vive 上使用。在游戏中，玩家需要与人工智能系统进行对战，需要利用手中的 Vive 手柄，将其当作是球拍，并选择适当的角度和姿势将球击向对手，同 VR 式的乒乓球有些类似。不同的是，当玩家连续的击败机器人并拿到较高的分数时，机器人的速度会不断提高，同时将玩家击到球的难度也慢慢增加。

随着游戏的升级，HoloBall 会逐渐加入自定义匹配的模式，可以使玩家设置自己的游戏规则，例如房间的大小、机器人的射击力量大小、射击速度、射击方式，以及每场战斗的持续时间等。玩家可以根据自己的运动和游戏的需要自行设置游戏的难度，使玩家可以尽最大可能地享受游戏的过程，而不至于因为游戏太难打不过或者因为游戏太简单没有挑战而放弃这个游戏。

同时，HoloBall 也加入了可以大幅度提高游戏体验的多人游戏模式。目前虽然仅支持本地的多人游戏模式，一位玩家可以坐在电脑前用键盘控制机器人的节拍。与此同时，多人在线的游戏模式将很快投入使用，虽然不支持自定义的匹配模式，但是游戏会提供不同的匹配类型，使玩家拥有不同的游戏体验。HoloBall 游戏场景如图 5-18 和图 5-19 所示。

图 5-18　HoloBall 游戏场景（1）

2. Sparc

Sparc 是一款基于 VR 的多玩家竞技游戏，由 CCP 开发，可以在 Oculus Rift 和 HTC Vive 上使用，需要玩家不断磨炼自己的技巧，完善自己的技能，进行尽可能高的抛球来让对手无法接招，直到战胜对手。听上去或许简单，但在练习的过程中是让人感到兴奋的。

在游戏对抗的环节中，玩家会首先被带入到一个第三方的、可以看到整个游戏场地的视角。当两名玩家都进入到游戏开始比赛的时候，若再有玩家进入就必须在场外进行观战。与此同时，当场外有人说话时，会在场地中产生回音，就好像是通过场地中的麦克风在说话一样，而场地中的玩家在抬头的时候可以看到场外观众在围观自己进行对抗。

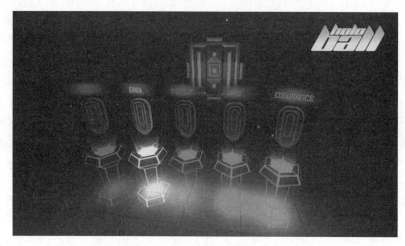

图 5-19 HoloBall 游戏场景（2）

Sparc 现在拥有 3 个游戏模式：基础、高级和实验。玩家首要的任务就是抛出手中的球，用以击打对手的头、手或者躯干来得分。同时，当对方玩家用球来攻击的时候，玩家可以进行前后左右的闪躲，或者用手中的盾牌来抵挡对方抛过来的球。值得说明的是，盾牌的使用会消耗玩家拥有的电量，且只在玩家手中有球的情况下可以使用。而充电的唯一方式就是把手中的球扔出去。

如果玩家的第一次抛球没有击中对手但是还是落在了"击打区"内，球就会变大，同时运动得更快。一旦击中敌人，所有的击打就会重置。玩家需要对自己的站位、计算球的反弹角度和预判对手的站位等有一个比较宏观的认识。Sparc 游戏场景如图 5-20 ～图 5-22 所示。

图 5-20 Sparc 游戏场景（1）

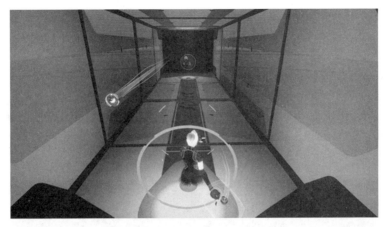

图 5-21　Sparc 游戏场景（2）

图 5-22　Sparc 游戏场景（3）

5.4.5　休闲类游戏

1. Keep Talking and Nobody Explodes

Keep Talking and Nobody Explodes 是一款基于 VR 的解密休闲类游戏，可以在 Oculus Rift 和 HTC Vive 上使用。

这是一款需要两个人配合的解谜类游戏，游戏中一名玩家需要将炸弹描述出来，而另一名玩家则需要推理拆弹顺序并指挥拆除炸弹。

玩家进入游戏就可以看到炸弹上分布着一个个需要独立解除的模组，有拆线类、记忆类、推理类等 11 种模组之多，但是由于只有戴着虚拟现实眼镜的玩家能够看到炸弹，于是乎该玩家的语言综合表述能力就直接决定了游戏的成败。

玩家在成功地描述出炸弹后，需要队友根据描述，从拆弹手册中推理出相应的拆弹步骤，指导玩家一步一步地拆除炸弹。

在拆弹的过程中，不仅要在限定的时间内拆除炸弹，还需要在拆除炸弹过程中实时应对各种干扰模组，以保证炸弹的顺利拆除。描述、推理、沟通、操作，任何一步出错，炸弹就会爆炸，游戏就会结束。

特殊的是，整个游戏过程中并不需要定位追踪，操作使用的是 Xbox One 手柄，这是由于 Keep Talking and Nobody Explodes 是由一款 PC 游戏移植到 VR 平台上而来。

总结来说，该游戏玩法新颖独特，模式组合层出不穷，除了炸弹爆炸时的画面感略差强人意之外，绝对是一款培养抗压素质、逻辑分析、现状推理能力的烧脑神作。Keep Talking and Nobody Explodes 游戏场景如图 5-23 和图 5-24 所示。

图 5-23　Keep Talking and Nobody Explodes 游戏场景（1）

图 5-24　Keep Talking and Nobody Explodes 游戏场景（2）

2. 星际粉碎（Cosmos Crash）

Cosmos Crash 是一款休闲益智类 VR 游戏，可以在 Oculus Rift 和 HTC Vive 上使用。为了充分发挥 VR 设备的沉浸感优势，游戏将背景设立在浩瀚的宇宙深处，同时设计了多种独特的空间立体轨道。游戏以闯关形式展现，每一关都会有一个全新轨道。玩家需要通过手中的太空枪发射炮弹，消灭轨道上的同色圆球。

Cosmos Crash 的玩法类似于 PC 经典游戏祖玛，与之不同的是，游戏的背景设立在浩瀚的宇宙，玩家将扮演一名被困宇宙战舰的骑士，通过手中的太空枪发射炮弹，消灭多条轨道上的同色弹珠。

多种多样的空间立体轨道是 Cosmos Crash 的主要优势之一。每个关卡也会根据其轨道的形状和分布设计独特的属性，如加速、加分、平衡等机制。同时游戏采用多球串运转设计，搭配可自主发射的道具球，包括冰冻、倒退、染色、爆炸等。这些也让 Cosmos Crash 的策略性和乐趣性更上一层。

Cosmos Crash 有别于市场上常见的打僵尸过山车类 VR 游戏，更具有游戏性、可玩性，目前游戏已开放 10 个关卡，每个关卡有不同的轨道主题和任务目标。Cosmos Crash 游戏界面如图 5-25 ～图 5-27 所示。

图 5-25　Cosmos Crash 游戏界面（1）

图 5-26　Cosmos Crash 游戏界面（2）

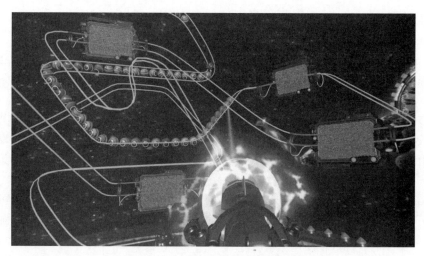

图 5-27　Cosmos Crash 游戏界面（3）

5.5　VR 影视

当虚拟现实技术和头戴显示设备在游戏、医疗、城市规划、房地产、工业等领域纵横的时候，有一个产业正在虚拟现实应用中悄悄地崛起，它就是虚拟现实电影产业。

目前，一些大型企业如三星、谷歌和 Oculus 都希望通过电影的形式将虚拟现实技术带给更多的人，观看电影和视频越来越成为人们喜欢的娱乐方式，因此每一个喜爱电影的人都是虚拟现实行业的潜在客户。虚拟现实技术如果能够在电影领域里取得成功，一定会获得非凡的传播效应，成为市场布局主流的产业之一。

然而目前，想要拍摄一部成功的虚拟现实电影并非那么容易，它有两方面的要求：在技术层面，如何提高沉浸式体验，减少甚至消除观众恶心、眩晕的感觉，是制作方需要思考的问题；在艺术层面，要求制作方拥有绝妙的艺术才华，懂得如何驾驭这个新的讲故事的媒介，懂得如何给观众带来前所未有的观影体验。

1. 福克斯创新工作室带来的《火星救援》VR 体验

《火星救援》VR 体验不是游戏，但有游戏的互动。在游戏中玩家将跟随宇航员马克·沃特尼的视角展开一次极具沉浸感的冒险之旅，并且通过完成一系列任务以帮助自己在这片荒芜之地生存下来。

玩家将会飞抵火星表面，在零重力下的太空中进行操控，并且驾驶漫步者号调查火星上的各种陨石坑。当然在这款游戏中玩家还能够见证电影里的一些经典场景，在虚拟现实技术的帮助下，这种身临其境的感觉将会是前所未有的。

一开始的时候，玩家会置身于火星轨道，剧中的杰夫·丹尼尔斯会解释说他们刚从火星撤离，而沃特尼已经"牺牲"了。然后玩家慢慢下降，来到沃特尼身边，一切都跟玩家在电影里看到的一样，他醒来并站了起来。

短片共包括 5 个场景，依据剧情发展在第三人称视角和第一人称视角间切换，观看者可通过手柄在某些情节中进行交互。例如，短片播放至种土豆这一幕时，会切换到第一人称视角，观众需要抓起土豆把它们扔进相应的塑料桶。完成任务后，短片切回到第三人称视角，观众仍然像坐在普通的电影院里一样，看着马特•达蒙种土豆，点燃混合气体制造雨水。整个 VR 体验中，包含数个任务，如移动石头、用吊车移动太阳能板、开探测车并乘火箭逃离火星等，最后还要像电影里那样，在太空中刺破太空服以提供动力，到达救援人员身边。

所以，VR 电影将混淆游戏和电影的界限吗？著名导演和视效艺术家斯特罗姆伯格说，确实，目前的观众进电影院不是为了和电影内容发生互动，就是想欣赏它的叙事。当人们想要发生互动的时候，会去玩游戏。但两者正在发生融合，一个新的选项正在诞生。火星救援示意图如图 5-28 所示。

图 5-28　火星救援示意图

2. Oculus Story Studio 的第三部 VR 电影作品《Dear Angelica》

《Dear Angelica》跟随着主人公 Jessica 经历了她妈妈 Angelica 如梦般的记忆，Angelica 是一名跨流派的演员，曾经演出过戏剧、恐怖片和儿童幻想——飞龙的起源。该影片通过绘画的方式向观众展示了慢慢铺展开来的故事情节，独具创意，延续了 Oculus Story Studio 一贯的影片风格——重视与角色的交互。

Oculus 还在电影节上公布了一款新的供内部人员使用的绘画工具——Quill，该工具可以让用户使用 Oculus Touch 在 VR 空间里创作，用户可以选择不同的画笔、颜色，在空中挥舞他们手中的控制器，作品中的每一个线条都可以在 3D 画布中栩栩如生地实时呈现。

影片《Dear Angelica》就是使用绘画工具 Quill 制作的，以朦胧的水彩画呈现，跟随小女让探索她的影星妈妈梦幻般的记忆。Oculus 在 2015 年圣丹斯电影节上透露了此影片，《Dear Angelica》可以根据用户观看的方向，让用户看到飞翔在半空中的鱼、恐龙等。图 5-29 为《Dear Angelica》电影风格示意图。

图 5-29　《Dear Angelica》电影风格示意图

5.6　VR 社交

随着硬件的不断完善，VR 在越来越多的领域被广泛应用。比如，远程会议、发布会以及多人在线交流等。当然，不仅仅是 VR，未来 AR、VR、MR 的界限也会越来越模糊。简单来讲，未来社交将会从平面变为立体，突破传统限制，打破现有的人机交互，真正实现零距离沟通。

VR 社交解决了用户在以往的传统社交中所面临的三大痛点：视觉享受、互动娱乐性以及用户参与度。原本的社交只是看到图文以及信息，但 VR 社交能够让用户在视觉效果上感到震撼；相比于现在的社交工具，VR 社交能将娱乐互动做到极致。比如将直播的互动做到极致，当你在虚拟世界中进行直播时，你的观众并不是在屏幕之外观看，而是和你在同一个世界中进行交互；相对于原有的社交形式，在 VR 社交中，用户能够做在现实世界中做不到的，而且未来的 VR 社交的场景会更加丰富，能够给用户提供的体验也更丰富。

但不得不说，虚拟现实终究是人类在抛弃屏幕限制的过程中一个过渡性的解决方案，它存在的问题同样也会带到 VR 社交当中去。

1. Rec Room

Rec Room 诞生于 2016 年，创始人之一是前微软 HoloLens 项目经理，对 VR 和 AR 行业有较深研究。该作品也是 Against Gravity 公司第一款，起初就定位于 VR 社交领域，支持基于 HTC Vive、Oculus Rift 和 Windows Mixed Reality 平台。该公司前期资金来源并不清楚，2017 年 2 月份获得了 500 万美元的融资。

Rec Room 也可看作是一款综合型 VR 社交平台，该应用可以和朋友共同完成任务，共同创作，这也是多数 VR 社交平台都具备的。该作品重点在于拥有大量主题房间，它们几乎都是多人对战类型的趣味休闲游戏，以娱乐互动为主。该游戏以房间为基础，进入游戏后玩家可以通过 T 恤、帽子等装饰自己。

　　应用主界面也是一个聚合型的场景，大家可以汇聚在一起聊天、互动，例如有虚拟篮球区、乒乓球台等，然后房间内设计有大量的门，它们可传递到其他场景中。

　　比较有趣的一点是，该作品将菜单系统集成到右手手表中，只需抬起手腕看向手表，就会弹出菜单，无须按键，操作方式新颖独特。不过，点击菜单需用左手的手指去触碰表盘弹出的按钮，并不是通过激光指示线或扣扳机点击反馈，这就导致在菜单界面下操作需要两手同时悬在空中，时间长了手臂酸累感明显，熟悉菜单后操作时间变短，此情况则有明显改善。

　　游戏场景方面，包含一对一游戏（网球）和多人对多人游戏（足球），总体超过 10 种类型游戏。游戏内移动方式只能通过瞬移，并不能平滑移动。

　　Rec Room 主要以游戏交互为主，像是将传统联机游戏搬到了 VR 中，同时游戏场景数量和趣味性算作是最丰富的一款，想要和朋友一起在 VR 中玩联机对战类休闲游戏的话，直接用 Rec Room 是最简单的选择。图 5-30 ～图 5-32 为 Rec Room 示意图。

图 5-30　Rec Room 示意图（1）

图 5-31　Rec Room 示意图（2）

图 5-32　Rec Room 示意图（3）

2. Bigscreen

Bigscreen 出现于 2014 年，起初研发资金来自于风险投资，直到 2017 年 2 月才完成 300 万美元的种子轮融资，紧接着在 2017 年 10 月 10 日完成了 1100 万美元 A 轮融资。综合融资达到了 1400 万美元，体量不小，也自然能体现出投资人对其前景的看好。

Bigscreen 从字面意思来看就是一个超大的显示屏，它的设计灵感来源于构建虚拟办公系统，这也是 VR 屏幕类型应用最主要的应用场景。该应用可直接将屏幕内容嵌入到 VR 中与其他人分享，这些内容既可以是屏幕镜像，也可以是 Youtube、Twitch 等在线内容。例如在 VR 中可以分享传统 2D 屏幕中的内容，也可以和朋友一起观看网络直播球赛，边看边聊等。不过，既然是屏幕内容分享，那么还是以会议讨论为主。

Bigscreen 支持基于 HTC Vive、Oculus Rift 和 Windows Mixed Reality 平台，最多仅支持 4 人联机，看上去玩法比较简单，游戏内仅显示虚拟头像，并没有身体部分。不过依旧能对头发、眼睛、肤色、性别进行个性化设定。

打开应用后，PC 的显示器出现 Bigscreen 传统桌面程序，没有头显屏幕的实时预览，这时需要通过头显来观看。头显场景中会出现桌面内容，并可调整屏幕的曲率甚至大小。交互则是传统的激光笔形式，只不过单击的是 Windows 桌面，这种操作方式可实现鼠标单击效果，输入则通过虚拟键盘，不过效率还是不如键鼠高，好在上手较快，操作流畅，简单易懂。

同时 Bigscreen 同样支持 3D 绘图功能，可以和朋友们一起进行绘画创作，虽然其他 VR 社交类应用都具备这个功能，看上去大同小异。此外，Steam 详情页还表示在接下来的更新中会带来更多人联机功能，也将加入微软 MR 头显的支持以及更多移动 VR 平台的支持。

Bigscreen 功能和玩法都相对单一，主要集中在屏幕分享，应用场景以会议为主，至于多人互动则没有其他几款那么丰富。Bigscreen 使用场景如图 5-33 和图 5-34 所示。

图 5-33　Bigscreen 使用场景（1）

图 5-34　Bigscreen 使用场景（2）

3. Altspace VR

Altspace VR 可以看作是 VR 社交领域的先驱，该公司成立于 2013 年，并于 2014 年获得 540 万美元种子轮融资，投资方包含腾讯、Dolby Family Ventures 和 Comcast Ventures 等，2015 年 7 月，公司获得了 1030 万美元 A 轮融资，最终共计融资总额达 1570 万美元，支持基于 HTC Vive、Oculus Rift 和 Windows Mixed Reality 平台。

官方最近的统计数据表明其平台月活用户量达到 3.5 万人次，这已是相当大的体量。然而在 2017 年 7 月，Altspace VR 向外界表示由于公司财务出现意外状况，不得不选择关闭服务。而在此之前，该公司融资较为顺利，投资方不乏腾讯等科技巨头。一个月后，该公司又宣布获得其他第三方的资助，重新提供服务。最后以微软收购 Altspace VR 收场。被收购后，微软将继续保留 Altspace VR 这个名字。

　　Altspace VR 玩法丰富，可看作是一个集合式的社区，兼具社交、游戏、聚会活动、影音播放等多个功能。在 Altspace VR 初始界面，里面的人物和场景最初以虚拟机器人形象出现。游走一圈后会发现有里面分几大类，其中最主要的就是事件和游戏类。

　　Altspace VR 同时支持 PC（Viveport、Oculus、Windows MR）和移动平台 (Gear VR、Daydream)，支持平台比较广泛，不过移动平台多数无法支持 6DoF 追踪，体验相比 PC VR 有所缺陷。

　　Altspace VR 场景中也拥有场景之间的快速连接点。例如用户可以在聚会类型场景中连接另一个游戏的场景，做到多场景快速衔接，玩起来整体感觉很顺畅。总的来看，其形式多样，玩法丰富，综合表现很不错。Altspace VR 示意图如图 5-35 所示。

图 5-35　Altspace VR 示意图

4．VR Chat

　　VR Chat 最初发布于 2014 年，之后在 2015 年靠着 CEO Graham Gaylor 和 CTO Jesse Joudrey 的亲朋好友资助得以维持，直到 2016 年才获得由 HTC 领投的 120 万美元的种子轮融资。2017 年年 9 月，VR Chat 再次获得由 HTC 领投的 400 万美元 A 轮融资，总计融资额度为 520 万美元，整体运行状态相对稳定。

　　VR Chat 顾名思义就是以聊天交友互动为目的，主要场景包含篝火晚会、影音娱乐、保龄球游戏、射击游戏、乒乓球游戏，而互动效果方面支持多种手势，也可用表情表达自己的心情。

　　该产品主打的功能是创作个性化的虚拟人物和空间。例如和朋友一起合作绘画、雕刻等，创建属于自己的虚拟形象或虚拟空间。这也意味着，除了 VR Chat 官方应用场景外，你还能享受到其他网友创建及分享（UGC）的大量不同场景。应用场景如图 5-36 和图 5-37 所示。

图 5-36　VR Chat 示意图（1）

图 5-37　VR Chat 示意图（2）

5.7　本章小结

本章主要介绍了虚拟现实应用在娱乐方面的发展现状。主要包括以下 6 方面内容。

（1）游戏分类。

（2）虚拟现实游戏。

（3）虚拟现实对电子游戏的影响。

（4）VR 游戏应用实例。

（5）VR 影视应用实例。

（6）VR 社交应用实例。

虚拟现实新鲜而独特的交互方式吸引了更多的游戏用户，而电子游戏庞大的用户群体也为虚拟现实技术推广提供土壤。在当前条件下，以电子游戏为代表的娱乐业是虚拟现实技术最大、也是最成功的应用场景。以游戏、娱乐为背景，虚拟现实相关软硬件技术以及内容分发渠道迅速发展，逐渐成熟，涌现出一批成功案例。本章中选取了一部分典型，大致介绍其主要特点。

第 6 章

VR 教育革命

近些年来，VR 在越来越多的领域迅猛发展，其中就包括教育领域。VR 带来的教育革命打破了传统教育的禁锢，为新时代的教育注入了新的活力。

传统课堂主要是以教师的主动讲授和学生的被动反应为主要特征，教师往往注重通过语言的讲述和行为的灌输来实现知识的传授，在教学过程中教师的主导地位突出，而学生的主体地位却被习惯性地忽视。在这种教学模式下的课堂教学往往过于死板，教师搞"一言堂"，学生的学习地位得不到充分的体现和尊重，即使他们在学习过程中有自己的看法，也往往不敢表达。因此，传统的教学模式严重忽视了教学中的情感因素，无视青少年心理发展的正常需求，严重束缚了学生学习的积极性、主动性和创造性。

虚拟现实对教师有许多现实意义：通过体验式、实践式教学，更有效地完成课堂和实践教学工作；利用虚拟现实新技术实现教学与科研创新；提高教学质量，减轻教学劳动强度。虚拟现实对学生也有许多现实意义：通过体验式、实践式教学，更有效地完成学习，对知识的掌握变得更高效；大幅度提升学习兴趣，从而提高学习成绩；更早地接触前沿的虚拟现实技术，利用虚拟现实技术进行创新创业，帮助就业。

6.1　教育的 VR 化发展

　　VR 引入教育领域后，教学过程发生了改变。利用虚拟现实技术沉浸式、交互式的特点，结合创新研发设计的虚拟现实应用开发工具，基于传统教学不能实现的宏观、微观、高成本、高风险等问题设计制作虚拟现实课件融入课堂教学，解决虚拟现实课程内容不足、与专业学科的吻合度低的现状，打造多维的教学方法和教学手段，有效提升教学质量。

　　传统的课堂授课方式是以教师的口述和黑板板书为主。经过多媒体技术的发展和普及，教师开始用 PPT 进行授课。有了 VR 技术后，授课方式又发生了新的改变。教师可以结合学校和新学科特点制作 VR 课件，将课件搭配教学素材融入课堂，辅助教师进行教学，改进以往教师讲、学生听的教学模式，将文本课程转变为体验课程，将教学过程变为激情与智慧结合的过程，有利于引导学生走出教科书、课堂和学校，走向社会和自然，克服了书本文字单一和难以协同表现的弊端，节省了教学实践成本，提高了教学效益。教师还可抓住 VR 进入课堂的机会，将 VR 课程与现有教学素材进行有机整合，先行探索 VR 教育实践，开展课程科研，将实践创新点和科研心得整理成文献，在教育刊物平台上发表，这在提高教师个人教学研究水平的同时，也为准备引入 VR 技术进行教学模式创新的高校提供了参考，实现提升学校教学质量、促进课程科研及教学改革的目标。图 6-1 展示了教育的 VR 化发展过程。

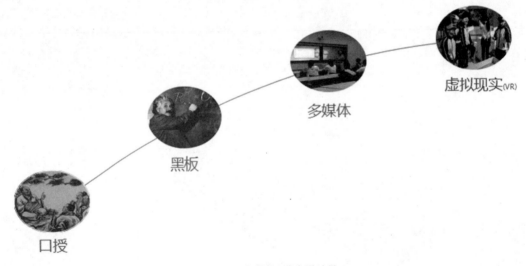

图 6-1　教育的 VR 化发展过程

6.1.1　VR 课件制作

　　VR 教育相较于传统教育的多种优越性前文已经介绍过。但面对这种新兴技术，难免会有人质疑：筹备 VR 课件会不会对技术和成本提出很高要求？但其实，VR 课件制作并不像想象中的那么复杂，甚至不会比传统的 PPT 制作更复杂。通过 VR 课件制作中心，教师可采用可视化逻辑编程，无须触碰任何编程代码，即可实现快速编辑 VR 内容。

虚拟现实课件制作中心是集高性能计算机工作站、HTC Vive 虚拟现实头戴显示器及一体机 Focus 等高端硬件设备及沉浸式课件编辑平台 VMaker Editor、逻辑编辑器 VR-PPT 等专业创作软件平台为一体的虚拟现实内容制作环境，能够支持绝大多数交互式实训。

VR 课件制作中心按功能分为 VR 课件制作模块和 VR 课件测试环境模块，前者主要由计算机和 VR 应用软件构成，支持沉浸式认知课件和交互式实训课件的制作；后者主要是针对制作出的 VR 课件做测试，包括单个课件内容的测试和教学环境推送体验教学的测试，最终实现课件的制作开发及支持教学的功能。

VR-PPT 是一款虚拟现实内容编辑应用软件，以简易、高效、即编即用为目的，以使 VR 课堂更生动为基础，解决展示效果到后期复杂交互的难题。使用者使用本编辑器所提供的编辑场景与模型素材，可以进行绝大部分以浏览器展示为核心的课件编辑及以交互为核心的 VR 实训课件。VR-PPT 内容编辑软件的应用界面如图 6-2 所示。

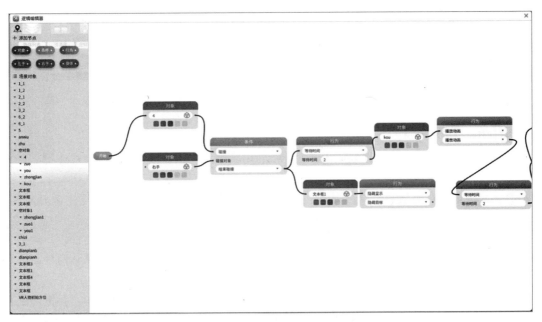

图 6-2　VR-PPT 内容编辑软件的应用界面

VMaker Editor 沉浸式课件编辑平台是基于自然交互技术（包括裸手交互、眼控凝视交互、3DoF/6DoF 控制器）的沉浸式素材（包括全景素材、次世代模型素材）与 2D 内容（包括文字、图片、音视频等）的混合编辑工具。用户能够基于 PowerPoint 的使用习惯，借助 2D 内容快速、简单地编辑课件知识点（或直接导入已经编排好的 PPT 文件），然后利用动效编辑功能与对象管理功能，将 2D 内容与沉浸式素材关联，实现沉浸式环境下的自然交互教学。VMaker Editor 应用界面如图 6-3 所示。

通过这些软硬件的帮助，教师可以方便快捷地制作 VR 课件。这些软件上手容易，成品效果好，明显优于传统课件的制作。

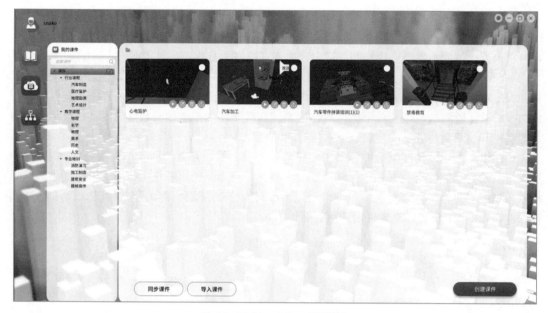

图 6-3　VMaker Editor 应用界面

6.1.2　VR 教室

　　VR 教室已经有了不少实践和应用，如复杂静物一键式快速建模实验室、虚拟现实金工实训中心、虚拟现实开放实验室等。VR 教室主要有两种类型：第一种是专业实训实验室，这种 VR 教室大多通过对场景的模拟仿真为学生提供一个虚拟的专业实训环境，让学生随时随地、更方便高效地锻炼专业技能，同时能避免真实的高危环境带来的风险；第二种是学习型实验室，这种 VR 教室将课程的重点、难点更直观地还原展现给学生，通过视觉和听觉的冲击，学生会更有沉浸感，会加深对学习内容的理解与掌握，达到更好的学习效果。本节将从这两种类型介绍 VR 教室的基本情况。

　　专业实训实验室主要面向高等教育。目前，有些学校经费有限，无法满足每个学生都能亲手多次进行培训的要求。同时，有些专业实训环境中有大量的有毒物质，学生若长时间暴露在这样环境中，势必会影响其身体健康。因此，由于条件有限和考虑学生们的安全问题，学校会尽力压缩学生的实操实训的时间，学生无法从多次实训中获得经历和经验，远远达不到培训的作用。现在，VR 技术为学校和学生解决了这个问题，新兴虚拟现实技术和传统模拟仿真技术为学习人员创造一个安全、沉浸、效率高、低成本的虚拟工作间，学习者可以通过全仿真的环境和器具、精确的数字结果化显示、各角度的过程回放、在一旁辅导老师的教导，一步步地修正自己的操作，从基础课程开始进行练习，依次经历中、高级课程，最后再进行自由练习，为在现实生活中的实操打好坚实的基础。如喷漆、焊接、汽车发动机维修等专业实训课程，都可以通过 VR 教室让学生进行实操练习。

　　VR 技术提供的专业实训实验室克服了传统教学的种种弊端，提高了安全性和学习效率，节省了的成本，全程无污染，符合未来发展趋势。

学习型教室则更为普遍。在此介绍一个可以实现多人交互、多人同步和实时互动的 VR 开放实验室。VR 开放实验室是基于虚拟现实技术软件系统及 VR 一体机整体设计的虚拟现实教学与实训环境。该实验室由 HTC Focus 虚拟现实一体机、高性能服务器、教室定制化触碰交互集控台、充电同步一体化储存柜、高性能企业级路由器、高密度无线网络设备以及教室整体空间设计与布局于一体，支持学校开展虚拟现实沉浸式认知教学、交互式实训实操训练，创新课堂教学模式，解决传统教学不能支持的高成本、高风险、宏观、围观教学难题，提升教学质量。VR 开放实验室由多人协同教学管理系统和虚拟现实教学设备组成，应用界面如图 6-4 所示。

多人协同教学管理系统是一套虚拟现实课堂教学管理系统，由教师 PC 客户端兼教室中控服务器系统，以及师生的 VR 一体机客户端组成。该系统用于实现虚拟现实课堂教学中的教学资源播放、师生互动、教学流程管理等功能，其特点是支持师生多人在同一虚拟空间中的协同互动，使得教师讲解、师生互动研讨等教学需求在虚拟现实中成为可能。

图 6-4　VR 开放实验室应用界面

VR 开放实验室有如下主要功能：课件下载推送服务、一键开启／关闭课件、师生分组互动、教学资源播放控制、实操性 VR 教学、会议研讨、VR 内画面传输等。图 6-5 为 VR 教室示意图。

图 6-5　VR 教室示意图

6.2　高等教育案例

VR 式教育一直是 VR 中的一个重要组成部分。VR 技术应用在教育领域，将弥补传统教育的不足，为教育行业带来全新的改变。VR 教育的潜力在于利用用户对场景的记忆，只需要感受和体验，而无须过多的学习和理解。人类天生有很强的空间记忆力，无须理解机制也能记住。VR 作为一个高维度的媒介，更利于学习者的吸收、理解和接受。通过 VR 技术、VR 设备和人机交互技术，将 VR 技术应用到科研教学领域，为科研工作者和学生提供沉浸式和交互式的虚拟科研或虚拟学习环境，让科研人员或学生投入到虚拟的情景中，从而达到科研或者教学的目的。

将 VR 技术应用到教育领域，可以帮助开设远程教学实验课程，避免真实实验可能带来的风险，突破时间空间限制，延展教学范围，提供人性化的学习环境。

迄今为止，VR 已经应用到教育的很多方面，并取得了理想的效果。本章将义务教育和高等教育两个方面来介绍一些 VR 式教育的实际案例。

6.2.1　场景化沉浸式英语

为了让学生摆脱原来应试教育的"试卷评测"体系，建立一套真正意义上能够帮助学生开口说英语，真实反映学生英语应用能力的学习系统，场景化沉浸式英语借助虚拟现实技术，辅助英语教师进行课程教学，通过利用 VR 的沉浸式、交互性等特点，采用一对一的教学模式，全方位解决学生学英语"枯燥、害羞、开口难"等问题，让学生快乐地完成从 0 到 1 的学习过程，使学生通过 VR 虚拟课件建立起对英语的"信、趣"（自信与兴趣），并完成对学生进行英语的实训教学，提高教师的课程教学效果。

以酒店英语为例，酒店英语是一门酒店管理专业学生必修的一门专业核心课程，但凡进入五星级酒店实习、就业的学生，酒店英语的熟练程度与从业后职务晋升的速度成正比，并且成了酒店前厅、餐饮、房务等一线主要部门晋升主管及以上职务的重要考核指标。

VR 酒店英语教学系统以打造情境对话为核心，以酒店工作环境为内容而开发的 VR 教学软件。其核心是打造学习情境化，形成足以完全沉浸学习的仿真效果，并最大限度地发挥 VR 特性，充分体现出用 VR 形式进行教学学习的不可替代的优势。图 6-6 ～图 6-10 为 VR 酒店英语教学系统应用示意图。

逼真的虚拟现实环境提供了与真实环境一样的感受，交互设计符合人体自然运动规律的互动模式。除此之外，VR 酒店英语教学系统还有如下众多优点。

（1）不消耗现实资源和能量，零风险、低成本。

（2）多种交互方式相结合，增强了虚拟操作训练的效果。

（3）加深人们对生产过程和制造系统的认识和理解，加强人员的培养速度。

（4）教学模块可实现模块重组更新，扩展性能更强。

（5）教师可以远程通过教师机进行多台学生机控制。

（6）教师可通过教师账户进入系统，通过 VR 在线考试及分析每一位学员的成绩。

VR 酒店英语教学系统产品功能主要有以下几个方面。

图 6-6　VR 酒店英语教学系统示意图（1）

图 6-7　VR 酒店英语教学系统示意图（2）

1．情景英语

顾名思义，情景英语可以让学生在逼真的三维虚拟环境中进行英文口语练习，场景有酒店大堂、前台、客房、酒吧、餐厅、工作间等。

2．单人情景模式

学生以第三人称视角，可以在任意位置观看整段情景英语，并逐句跟读学习所有角色对话。采用单句打分形式，学生读完一句可立即获得评分，即每个单词的正误、整句评分。

3．角色扮演

学生可以第一人称视角扮演情景英语中的任意角色开始实训学习，身临其境的学习体验可以更好地提升学生学习兴趣。通过学习，学生将掌握并体验到全面完整的职场英语及业务流程。

图 6-8　VR 酒店英语教学系统示意图（3）

图 6-9　VR 酒店英语教学系统示意图（4）

4．多人情景扮演

根据课件提供的剧本，由多位学生同时进入虚拟情境，扮演不同角色进行英语对话学习。系统将根据学生的英语发音、流畅度、准确性等指标进行实时评分。学生和教师可及时、全面了解本次学习效果。该应用还支持局域网和广域网的多人互动学习。

5．自由主题模式

教师启动自由主题模式，随机分组，由学生根据教师的主题进行英语讨论，教师可随时进入任意分组查看学生学习情况，并给出学习建议。

6．词汇实训

学生查看英文单词选择对应物品并跟读，学习各职业的专业词汇，包括发音、拼写，同时系统可实时打分。

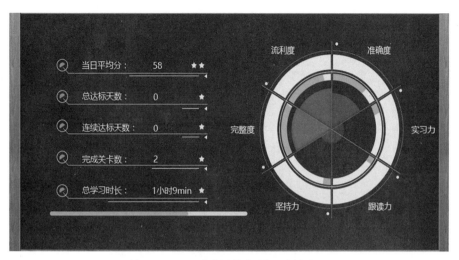

图 6-10　VR 酒店英语教学系统示意图（5）

6.2.2　VR 实验室

目前，绝大多数工科高校都开设了金工实训这一必修课程，目的在于培养学生的动手能力。在一些汽修机械学校，学生们的喷漆和焊接水平被直接用来评判学习者在校学习能力和状态。但由于条件有限和学生安全问题，学校通常把这一项需要几十个学时学习的实操课程压缩为几个学时的体验学习，这远远达不到培训的作用。学生也只是将这一课程学习当作玩耍，学习效果难以保证。

1. VR 焊接训练模拟器

焊接训练模拟器结合新兴虚拟现实技术和传统模拟仿真技术为学习人员创造一个安全、沉浸、效率高的虚拟工作间。学习者可以通过全仿真模拟工具和焊接场景增长自己的经验，为在现实中的实操打好坚实的基础。焊接课程是一门十分重要的实操课程，特别是在工科学校或相关专科院校，不仅能让学生学到工作技能，也能在平时生活中处理焊接的简单问题。现在，焊接训练模拟器为学校和学生解决了这个问题，它结合新兴虚拟现实技术和传统模拟仿真技术为学生创造一个安全、沉浸、效率高的虚拟工作间。

虚拟现实焊接模拟器克服了传统焊接培训种种弊端，提高了安全性，增强了学习效率，节省了成本，全程无污染，符合未来发展趋势。该产品使用十分简单易懂，在 PC 端完成模式的选择、焊板的选取、电压的调整之后，即可带上头盔进入虚拟工作室进行焊接训练。仿真焊枪操作十分简单，在虚拟空间中红线靠近焊板时，扣动扳机就能进行模拟焊接。

整个系统分为课程学习、自由练习、实景演练三个层次，学生通过由低到高的学习过程，更加容易吸收知识。同时，当学生完成焊接训练之后，可以在 PC 端看到自己的焊接水平被数字化显示，可以更加精细微调自己的手法；事后的焊接回放更是让教师观察得更加准确，更加恰当地指出学生某些不足之处，也能让没有教师在一旁教导的学生自学成才。VR 焊接训练模拟器如图 6-11 ～图 6-17 所示。

图 6-11　VR 焊接训练模拟器（1）

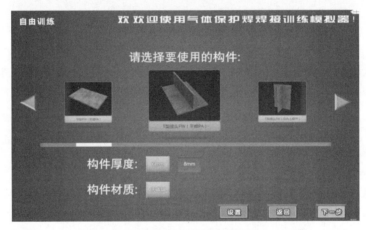

图 6-12　VR 焊接训练模拟器（2）

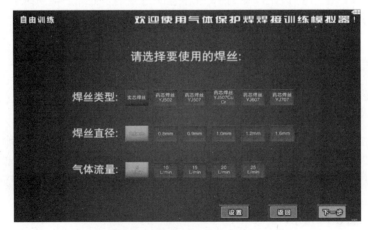

图 6-13　VR 焊接训练模拟器（3）

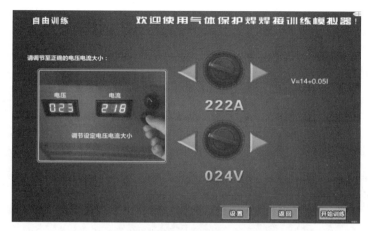

图 6-14　VR 焊接训练模拟器（4）

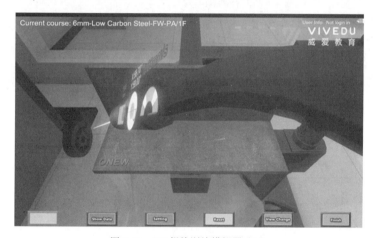

图 6-15　VR 焊接训练模拟器（5）

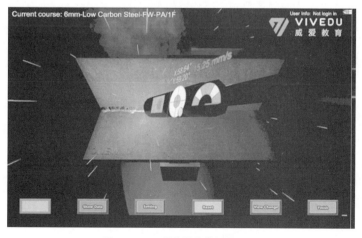

图 6-16　VR 焊接训练模拟器（6）

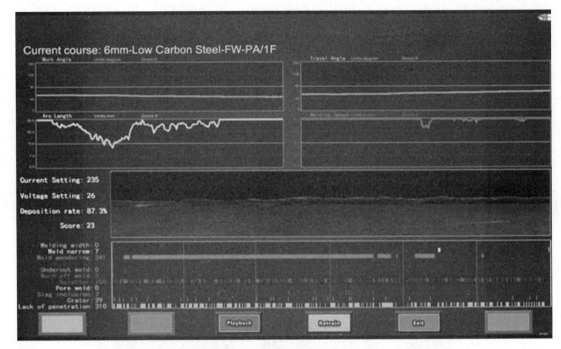

图 6-17　VR 焊接训练模拟器（7）

2. VR 喷漆专业实验室

喷漆训练模拟器结合新兴虚拟现实技术和传统模拟仿真技术为学习人员创造一个安全、沉浸、高效率、低成本的虚拟工作间。学习者可以从基础课程开始进行练习，依次经历中高级课程，最后再进行自由练习，为在现实生活中的实操打好坚实的基础。虚拟现实喷漆训练模拟器克服了传统喷漆培训种种弊端，提高了安全性和学习效率，节省了成本，全程无污染，符合未来发展的趋势。

该产品使用十分简单易懂，在 PC 端完成模式的选择、车门的选取、喷枪和漆色的确定之后，即可戴上头盔进入虚拟工作室进行喷漆训练。仿真喷枪操作十分简单，在虚拟空间中车门加载完毕之后，对着车门扣动扳机即可开始喷漆实训，同时，喷枪上的 3 个不同旋钮可以分别调整喷嘴角度、扇面大小、气压强度这些数据。

整个系统分为喷涂课程、自由练习两个方向，学生通过循序渐进的学习过程，更加容易吸收知识。同时，当学生完成喷涂训练之后，可以在 PC 端看到自己的喷涂水平被数字化显示，可以更加精细微调自己的手法；事后的喷涂回放更是让教师观察得更加准确，更加恰当地指出学生某些不足之处，也能让没有教师在一旁教导的学生能自学成才。VR 喷漆专业实验室如图 6-18 ～图 6-24 所示。

图 6-18　VR 喷漆专业实验室（1）

图 6-19　VR 喷漆专业实验室（2）

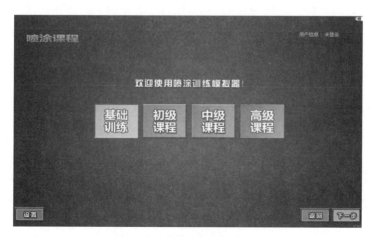

图 6-20　VR 喷漆专业实验室（3）

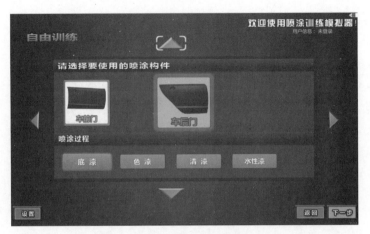

图 6-21　VR 喷漆专业实验室（4）

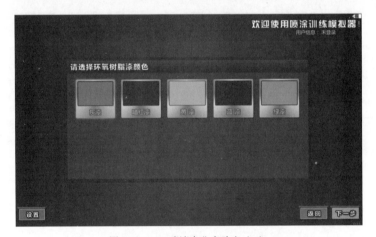

图 6-22　VR 喷漆专业实验室（5）

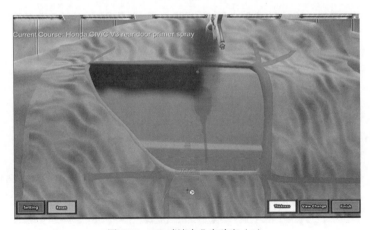

图 6-23　VR 喷漆专业实验室（6）

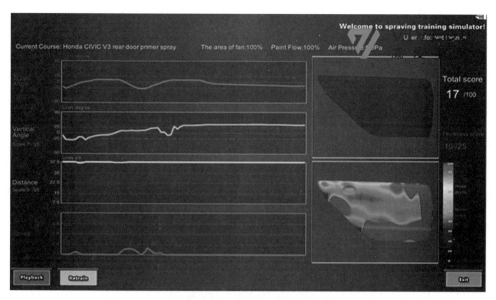

图 6-24　VR 喷漆专业实验室（7）

6.2.3　VR 无人机仿真培训系统

　　该系统配备与目前实际无人机飞手测试及实际无人机应用领域的培训，不但可满足日常教学、技能竞赛培训，还可以满足商业使用，解决社会实际需求，以实际工作项目带动教学、检验教学，同时为学生提供高仿真无人机考试环境及针对行业特色的无人机操控技术，加强学生理论与实践的结合，提高学生对无人机应用领域的实际操作水平。

　　无人机仿真培训系统可以实现无人机训练及考试场景的选择、加载和渲染，同时为不同的培训场景及考试科目完成一系列的初始化功能，如大地形场景初始化、培训考试相应场景模型的加载、天气状态及气象条件的设定、无人机初始状态设置、无人机操作仿真功能等。图 6-25 ～图 6-27 为 VR 无人机仿真培训系统示意图。

图 6-25　VR 无人机仿真培训系统示意图（1）

图 6-26　VR 无人机仿真培训系统示意图（2）

图 6-27　VR 无人机仿真培训系统示意图（3）

6.3　义务教育

本节主要介绍 VR 在义务教育领域的应用，义务教育领域的 VR 课程资源主要包含科学教育课程、德育教育课程、安全教育课程。

6.3.1　科学教育

科学教育是以传授基本科学知识为主要内容，并涉及技术、科学史、科学哲学、科学文化学、科学社会学等学科的整体教育，以使青少年掌握自然科学的基本知识，理解科学技术与社会关系，把握科学本质，让科学精神和人文精神在现代文明中融会贯通。

科学教育课程主要分为物质科学、生命科学、地球宇宙及技术工程 4 大领域，涵盖了例如物体具有一定的特征，材料具有一定的性能；动植物之间、动植物与环境之间存在着相互依存的关系；在太阳系中，地球、月球和其他星球有规律地运动着，技术的核心是发明，是人们对自然的利用和改造等 18 个概念。

（1）物质科学课程的内容主要有水的三态变化、运动与摩擦力、声音的传播、光的反射与折射、热胀冷缩、电、磁等 VR 课程。

（2）生命科学课程的内容主要有动物、植物、植物的一生、消失了的恐龙、骨骼、关节和肌肉、消化和吸收、食物链和食物网等 VR 课程。骨骼、关节和肌肉 VR 课程示意图如图 6-28 和图 6-29 所示。

图 6-28　骨骼、关节和肌肉 VR 课程示意图（1）

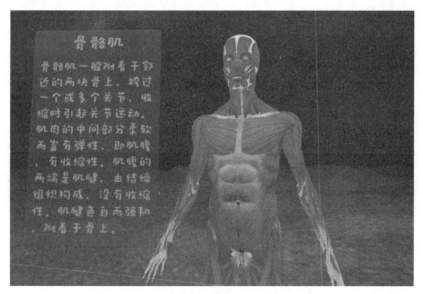

图 6-29　骨骼、关节和肌肉 VR 课程示意图（2）

（3）地球宇宙课程的内容主要有地球的形状、火山与地震、走进宇宙、仰望星空、月相变化、各种各样的岩石等 VR 课程。

（4）技术工程课程的内容主要有时间的测量、生活中的工具与机械、建筑中的形状与结构等 VR 课程。

6.3.2 德育教育

德育教育是对学生进行思想、政治、道德、法律和心理健康的教育，促进学生养成良好的思想品德和行为习惯。

我国德育教育的主要内涵是开展马列主义、毛泽东思想学习教育，加强中国特色社会主义理论体系学习教育。加强中国历史特别是近现代史教育、革命传统教育、中国特色社会主义宣传教育。深入开展爱国主义教育、国情教育，传承发展中华民族优秀传统文化，增强文化自觉和文化自信。

德育教育课程主要分为理想信念教育、社会主义核心价值观教育、中华优秀传统文化教育及心理健康教育 4 个方面。

（1）理想信念教育课程的内容主要有井冈山会师、飞夺泸定桥、红色长征、沁园春·雪等 VR 课程。

（2）社会主义核心价值观教育课程的内容主要有爱国英雄家书、遵义会议、鸦片战争等 VR 课程。

（3）中华优秀传统文化教育课程的内容主要有文房四宝、中国瓷器、景泰蓝工艺、曹氏风筝、虎丘泥人等 VR 课程。文房四宝 VR 课程示意图如图 6-30 所示。

图 6-30 文房四宝 VR 课程示意图

（4）心理健康教育课程是开展认识自我、尊重生命、人际交往、情绪调适、升学择业、人生规划以及适应社会生活等方面教育，引导学生增强调控心理、自主自助、应对挫折、适应环境的能力，培养学生健全的人格、积极的心态和良好的个性心理品质。

6.3.3 安全教育

安全教育是让学生掌握必要的安全常识以及处理突发事件的方法，培养学生学会自我保护、远离危险及良好的应急心态。

　　安全教育课程内容根据学生的身心发展规律和认知特点，从实践性、实用性和实效性的原则出发，体现了由浅入深，循序渐进的特点。安全教育课程主要分为社会安全教育、公共安全教育、意外伤害教育、网络、信息安全教育、自然灾害及其他事故 6 个模块。

　　安全教育课程的内容主要有家庭安全隐患排查、校园火灾逃生模拟、校车火灾逃生模拟、地铁火灾逃生模拟、高层火灾逃生模拟、校园地震逃生模拟、家庭地震逃生模拟、防诱拐意识教育、交通安全、防踩踏事件等 VR 课程。家庭安全隐患排查 VR 课程示意图如图 6-31 和图 6-32 所示。

图 6-31　家庭安全隐患排查 VR 课程示意图（1）

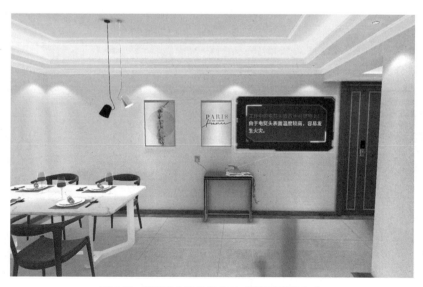

图 6-32　家庭安全隐患排查 VR 课程示意图（2）

6.3.4 义务教育的 VR 应用实例

1. VR 化学实验室

　　VR 化学实验室（Chemist's Virtual Lab-VR）是一个具备高度拟真效果的实验室，以友好的界面、简单的操作、拟真的实验环境，提供多种实验器材、药品、材料以及实验方案，在实验过程中引导学习者一步一步完成实验的目标，透过自由地体验仪器的操作，更直接观察反应的过程，让学习者能更容易地理解与领悟实验的原理及知识，获得全新、生动的化学学习体验并享受自主动手学习的快乐。Chemist's Virtual Lab-VR 示意图如图 6-33 ～图 6-35 所示。

图 6-33　Chemist's Virtual Lab-VR 示意图（1）

图 6-34　Chemist's Virtual Lab-VR 示意图（2）

图 6-35　Chemist's Virtual Lab-VR 示意图（3）

该产品使用十分简单易懂，扳机键用于选择拾取，圆盘用于在试验室里面进行移动。该模拟实验室有以下特点。

（1）真实。无须进到实体实验室，便可体验完全真实的实验过程，大到实验的场景、家具，小到实验用的烧杯、滴管等，实验操作过程尽可能模拟真实场景，有如身临其境的感觉，学习无障碍。

（2）探索。在实验室中自由地拿取器材，认识不同器材的功用；变换实验步骤，了解不同步骤会有什么不同结果，借此培养自主性，使学习者投入更多学习兴趣。

（3）安全。在实验过程中，完全不用担心会打碎仪器或者因不当操作而带来危险，让学习更安全及有效率。

（4）自主。不用担心因资源分配不均的问题而出现学习断层，每人都可以独立从头至尾亲手完成实验的体验，获得学习成就感。

（5）趣味。通过完成实验的金币奖励，提高学习者的学习兴趣与成就感。

（6）节省。不受经费限制，可任意重复使用实验中器材、材料、药品等，亦可节省准备实验器材与药品的大量时间。

（7）环保。不用担心在实体实验中可能带来的化学污染，亦无须进行实验后器材整理、清洁等工作。

2. 西方美术史鉴赏

"西方美术史鉴赏"这一软件产品的出现满足了人们现在对教学新方法、新途径的需求。首先，该软件在时间、空间跨度上包含了古罗马艺术、古希腊艺术、中世纪艺术、意大利文艺复兴时期艺术、北方文艺复兴时期艺术、巴洛克艺术等的优秀作品，涵盖了浪漫主义、现实主义、印象派、后印象派、现代主义、后现代主义等流派艺术，为世界优秀历史文化的保存提供了强有力的方法。其次，VR 应用的传播方式，使美术爱好者能看得到以前需要出国才能看到的名画、著名雕塑、闻名建筑等作品，可以伴随着悠扬古朴的音乐，一起徜徉在西方美学世界中。西方美术鉴赏应用场景如图 6-36 ～图 6-38 所示。

图 6-36　西方美术鉴赏应用场景示意图（1）

图 6-37　西方美术鉴赏应用场景示意图（2）

图 6-38　西方美术鉴赏应用场景示意图（3）

该产品使用十分简单易懂，扳机键用于选择，圆盘用于翻页操作和返回操作。该产品有以下特点：是一种利用全景相机，让游客身临其境地参观游览世界著名美学作品的应用，包含西方各时期、各地域不同的美学风格，还涵盖了不同流派的名家大作，体验者使用扳机键选择自己喜欢的作品即可进入 360°全方位的参观。

3. VR 校园火灾逃生模拟系统

VR 校园火灾逃生模拟系统是一款由东湃互动自主研发的针对校园火灾逃生的 VR 模拟体验系统。该系统帮助学生学习在火灾中自救、逃生和寻求帮助的方法、技能，可以方便学校进行火灾逃生演练，让学生熟悉火灾逃生路线。

体验者可以根据系统提示进行系统交互操作培训，如发现火情，体验者可以根据提示寻找自救工具，利用自救工具寻找安全通道，行进到安全区域等。图 6-39 和图 6-40 为 VR 校园火灾逃生模拟系统实际应用示意图。

图 6-39　VR 校园火灾逃生模拟系统实际应用示意图（1）

图 6-40　VR 校园火灾逃生模拟系统实际应用示意图（2）

　　该产品将日常科普教育中无法还原的灾难场景进行高精度模拟，摆脱了科普教育形式中的传统教学手段，使学生有身临其境、沉浸的感觉，在学习的同时能寓教于乐，提高了学习兴趣。

4. 初中物理摩擦力课程

　　51VR联手洋葱数学，用新科技和新技术改变枯燥、低效的传统教育，给学生们带来身临其境的学习体验。通过寓教于乐的方式，将VR应用到教育行业，为初中生提供更有趣味和更高效的学习体验。

　　此款初中物理摩擦力课程，打造了一个魔幻的空间，让学生可以和伟大的物理学家伽利略直接面对面。通过理想实验的场景教会学生摩擦力是如何影响世界的，让学生在VR中感受到零摩擦力的世界。图6-41～图6-43为初中物理摩擦力课程应用示意图。

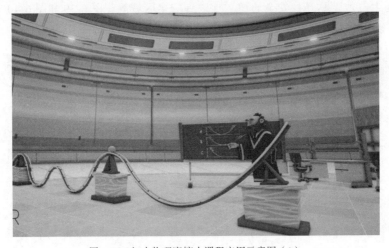

图 6-41　初中物理摩擦力课程应用示意图（1）

图 6-42　初中物理摩擦力课程应用示意图（2）

　　该产品使用十分简单易懂，扳机键用于选择拾取，圆盘用于在空间中进行移动，该软件有以下特点：是一种让人身临其境地发现和探索物理世界的应用，可以探索伽利略的理想世界、无摩擦力的世界和人们现实生活中世界的区别；场景丰富多样，可以分别模拟桌球进洞事件、球员踢球事件、小球无限移动事件、自行车移动事件等多个不同的场景。

图 6-43　初中物理摩擦力课程应用示意图（3）

几年前，VR 对人们来说似乎还陌生而遥远，而现在，VR 在各个行业都发挥着越来越大的作用，其中就包括在学术教育方面。中国古代著名哲学家荀子说过："不闻不若闻之，闻之不若见之，见之不若知之，知之不若行之，学至于行而止矣，行之，明也。"研究表明，对于听到的东西，大脑可以吸收 10% 的信息量；对于看到的东西，大脑可以吸收 20% 的信息量；而对于经历过的东西，大脑可以吸收高达 90% 的信息量。

虚拟现实教学使学生通过身临其境的经历来获得亲身体验，是实践型教学的完美体现。因此，目前很多人都看好 VR 在教育领域的无限潜力，学生们也将受益于 VR 版教科书或虚拟教室。相较于传统教学模式，虚拟现实教学方法有沉浸式、实践式、趣味式、互动式等优点。

6.4　本章小结

本章介绍了在教育这一特定领域的虚拟现实行业应用，主要包括以下 3 个方面的内容。

（1）教育 VR 化发展。

（2）高等教育虚拟现实应用案例。

（3）VR 在义务教育领域的应用。

虚拟现实技术沉浸式、交互式的特点，为教学带来了新的方法和手段：一方面降低了教师的工作强度，使教学变得更加轻松方便；另一方面提高了学生学习的主动性和创造性，让学习过程更加直观明确。无论在高等教育阶段还是义务教育阶段，虚拟现实与教育结合的行业应用已有一些成功的探索。本章在高等教育与义务教育两个阶段选择了较为典型的案例进行详细介绍，帮助读者认识虚拟现实技术在教育领域的应用。

第 7 章

VR 行业应用

在前面的章节里已经了解过 VR 技术在电子游戏和教育行业中的应用。然而 VR 技术不只局限于此，它将应用于我们生活的各个角落，成为人们生活中的一部分。而这一场景的实现有赖于 VR 技术与各种传统行业深度结合。如今许多行业已经开始了 VR 技术在本行业应用的探索。VR行业应用将结合行业自身特点，深入解读业务逻辑，在 VR 技术提供的全新交互模式下，给用户多样的选择和良好的体验。相信在不久的将来，人们将接触到更加丰富、更加便捷的 VR 应用。本章先介绍 VR 技术的行业应用。

7.1 VR 电商

虚拟现实的互动能够让消费者获得更为逼真的感官体验，并降低经营成本，提升产品的附加值。未来，虚拟现实电商将会是一种新的趋势。本章将从 VR 房地产、VR 购物和 VR 购车三方面进行分析。

7.1.1 VR 房地产

在虚拟售房领域，通过展示日照情况、交通体验、自主漫游、样板间展示可以更好地满足用户多样化的需求。

在传统的购房体验中，买房无疑是一件非常劳累的事。人们需要耗时耗力地找房、看房，将虚拟现实技术应用在售房领域，购房者足不出户便可以对房屋建筑有一个很好的空间判断，包括楼间距、楼层高度、墙面宽度、房间朝向、室内设计、房间长度、房屋规划等。

对于房地产商来说，传统的样板间往往存在着造价昂贵、重复使用率低、空间限制大、户型局限等缺点。这些问题通过虚拟样板间就能够解决。在售房活动中，除了可以通过虚拟样板间进行房屋销售之外，还可以在网上进行虚拟现实看房。对于购房者来说，通过虚拟样板间观察房间的构造，还可以进行一系列的自主设计，譬如替换家具的款式、材质、颜色等，以提高用户的体验度。

虚拟到达是重庆卢浮印象数字科技有限公司旗下的一款 VR（虚拟现实）产品，是专为地产打造的移动 VR 售楼工具。虚拟到达以"易"为核心优势，通过前沿的 VR 技术，将一个楼盘相关的售楼部、沙盘、样板间、楼书、区位图、效果图、宣传片、小区外景、周边配套以及各种营销所需场景全部 VR 化，并集成在一个二维码中，解决异地看房难、拓展客户难、下订单难的核心痛点。同时，虚拟到达还可提供微信后台数据监控，帮助销售人员实时掌握售房信息详情，了解客户偏好，有效拓展客户市场。

虚拟到达示意图如图 7-1 ～图 7-3 所示。

图 7-1　虚拟到达示意图（1）

图 7-2　虚拟到达示意图（2）

图 7-3　虚拟到达示意图（3）

7.1.2　VR 购物

　　VR 商城是采用 VR 技术生成可交互的三维购物环境。消费者戴上一副连接传感系统的"眼镜"，就能"看到"3D 真实场景中的商铺和商品，实现各地商场随便逛，各类商品随便试的目的。目前，国内外的商家都在大力发展 VR 购物，如意大利的 inVRsion 的 ShelfZone、我国阿里巴巴的 Buy+。本节将重点介绍这两个 VR 购物应用。

1. ShelfZone

来自意大利的 inVRsion，发布了一款名为 ShelfZone 的 VR 软件，是为大型零售商和消费品公司设计的 VR 应用。

由于使用了 HTC Vive，所以能够在房间里走动，就如真的在逛超市一般，不过太远的距离还是得靠"瞬移（瞬间移动）"来实现，这也是 HTC Vive 上多数游戏和应用的移动方式。

消费者看到想买的东西，可以直接拿下来看，可看到价格、出厂日期、产地等，还有商品评价等信息，供购买参考。面对众多品牌的产品，不知如何取舍时，ShelfZone 能够立刻帮消费者标出同类产品，以便消费者迅速做出对比。部分产品如女性护肤品，ShelfZone 还会通过专家，给出专业意见，推荐合适的产品。挑好商品准备结账前，可以查看购物车里已有商品，计算总价。如果在结账前觉得总价太贵了，还可以一项项直观地修改，结好账后只需在家等待快递上门即可。

ShelfZone 允许零售商和零售公司创建属于自己的 VR 商店、超市和购物中心，甚至还制作了特定的商品、品牌的货架与走廊供零售商和零售公司直接试用。ShelfZone 还允许商家按照自己的意愿打造不同风格的店面布局，开发新的市场。而且 ShelfZone 还提供一项最强大的功能——消费者研究，消费者在 VR 商店里的一切行为都能做成报告，和电商的消费者行为研究一样。

ShelfZone 有点像 VR 里的 ebay 或淘宝，通过 HTC Vive 及 ShelfZone，能够帮助商家更好地分析和整理空间布局，以及整理出专属的货品分类管理方法。或许未来，借助 ShelfZone，淘宝型的 VR 创业公司也会诞生，允许用户在虚拟场景中建立自己的店铺。ShelfZone 示意图如图 7-4 和图 7-5 所示。

图 7-4　ShelfZone 示意图（1）

2. Buy+

世界最大的电商巨头阿里巴巴，于 2016 年宣布打造"造物神"计划后没多久，便发布了一个叫 Buy+ 的概念视频，该视频通过各种特效来表现未来"剁手党"们购物的样子。Buy+ 的宣传视频一开头就"否定"目前的线上购物和移动购物，然后通过一句"现在我们可以这样买"进入 VR 购物的主题。在这个视频里看到一个未来的"剁手党"戴上头盔，进入阿里打造的虚拟现实商品世界的画面。

这个世界就像一个超级购物城，客户来到需求的那个角落，看到喜欢的衣服，直接拿来试穿，虚拟现实的世界里居然也有镜子，一件衣服好不好，试了才知道。客户甚至还可以触摸感受其材质，先看一群虚拟模特给展示一番，中途还可以招手让模特走近、转圈或者弯腰等，呈现出服装的上身效果，等最终想好了再下单。

图 7-5　ShelfZone 示意图（2）

视频中还有 Buy+ 产品交互设计师的解说："Buy+ 最大的挑战是如何快速地把淘宝的十亿商品在虚拟环境中一比一地复原。为此，Buy+ 启动了'造物神'计划，利用 TPMS 三维建模技术帮助数百万商家批量快速建模。通过高性能渲染还原技术，用户在虚拟世界中所看到的一切都像在眼前一样真实。"

视频的最后还展望了一下未来："有了 Buy+，你的生活将会乐趣无穷。"人们可以通过 Buy+ 进行产品搭配，因为在 VR 中尺寸、颜色一目了然。此外，人们可以在购买乐器之前体验产品，或者把世界上所有漂亮的衣服试穿之后再决定购买哪一件。

7.1.3　VR 汽车销售

汽车销售也是最早利用虚拟现实技术的行业之一。这一方面是因为汽车营销一向喜欢尝试新科技，以塑造勇敢开拓的创新精神；另一方面，汽车的运输和库存成本高，让消费者亲自尝试每一种自己感兴趣车型的营销成本是非常高的。虚拟现实能用较低的成本让更多消费者真实感受产品的魅力。

1．奥迪：HTC Vive 和 Oculus Rift

奥迪经销商提供的基于 HTC Vive 和 Oculus Rift 的虚拟购车服务，能够让用户体验 VR 购买过程。戴上 VR 眼镜，用户能以自己喜欢的方式定制奥迪提供的 52 款汽车中的任意一款，可以选择不同颜色、款式和配置的车型，这些在制造商网站上以图片显示的车型，通过 VR，变成可以近距离观察和了解的真实形态。用户能够打开车门和后面的发动机箱，甚至能看到引擎真实的细节，再配上环绕立体声的耳机，还能听见虚拟场景里打开车门、发动机启动等声音。除此之外，用户还能模拟驾驶员，从驾驶员的角度环顾整个车体内部的设计。

奥迪未来还将让用户感受到车辆的行驶过程，甚至还让用户在虚拟情境中体验驾驶汽车。奥迪代表称："虽然想要达到上述效果仍有很长的路要走，但是从目前看来这仍是我见过的最棒的体验之一。这一体验非常实用，体验效果质量很高且充满乐趣。"基于 HTC Vive 和 Oculus Rift 的虚拟购车服务示意图如图 7-6 所示。

图 7-6　基于 HTC Vive 和 Oculus Rift 的虚拟购车服务示意图

2．EVOX images：RelayCars

EVOX images 日前发布了"豪车模拟（RelayCars）"的 6.0 版本，这是一款让喜欢汽车的粉丝们能够足不出户就可以在其中由内到外地探索多达 700 多辆豪华汽车的 VR 体验，是基于三星 Gear VR 的游戏。在游戏中，整个场地被分成了 6 个不同的虚拟展示厅，用户可以在其中观赏市面上的各种不同的豪华汽车 (从 SUV 到美式肌肉车)，当然也有之前提到的保时捷，此外，捷豹和特斯拉等也是一应俱全。

"我们很激动能够为消费者带来这款高拟真度的汽车体验 VR 游戏，并以此改进人们购买车辆的方式。"EVOX images 工作室 CEO David Falstrup 说道，"我们的目标就是为用户营造出真的坐在最喜欢的汽车的车座上的感觉。"豪车模拟"中加载了公司收集的大信息库，让用户可以体验到前所未见的多种车型，而且，"豪车模拟"在应用商店里还是完全免费的。

此外，在"豪车模拟"中，用户还可以获得试驾各式豪车的机会，试驾的场景包括一条沙漠高速公路和海边大道。RelayCars 示意图如图 7-7 和图 7-8 所示。

图 7-7　RelayCars 示意图（1）

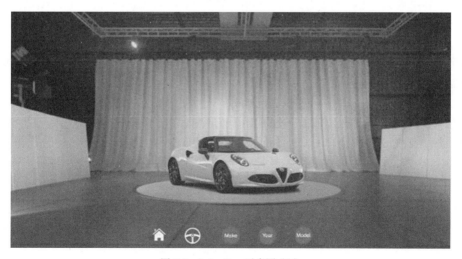

图 7-8　RelayCars 示意图（2）

7.2 VR 旅行

随着社会的发展，人们的生活节奏越来越快，生活和工作压力也越来越大，旅游便成了人们休闲娱乐、放松心情的方式之一。但是对于大多数人来说，没有时间、精力以及旅游景点人满为患成为人们出门旅游的难题，虽然有国家法定节假日，但是与其出去面对寸步难移、人山人海的场景，还不如"宅"在家中享受自己的休闲时光。

而虚拟旅游能够解决这一系列问题，虽然我国的虚拟旅游业发展时间并不长，但是它独特的优势已成为商家的必争之地。虚拟旅游的优势主要体现在交互性、安全性、自主性和超时空性 4 点。虚拟旅游可以将过去、现在、未来的事物单独或有机地组合起来呈现给用户，用户通过多种交互手势与虚拟的事物进行信息交流。用户可以自主地选择旅游的时间、地点、方式和途径，却又不用担心发生事故和人身安全等问题。

7.2.1 VR 古建筑文物复原

人们参观历史遗迹，是为了重温它曾经的荣光，缅怀曾经的英雄人物、悲壮豪迈的故事，以及人类创造的奇迹。但真的到参观地，看到的只是没落衰败，多年风吹日晒后留下的痕迹时，只能靠导游引导、景区文字介绍以及想象在脑海中还原当初的情景。VR 技术则可以让用户穿越回那个时代，置身于奇迹诞生的时空中，见证当年罗马众神庙封顶的时刻、大火烧毁圆明园的和柏林墙倒下的瞬间。甚至还可以参与历史事件中，可以建筑长城，为它添砖加瓦，也可以回到远古时代，去打造一柄青铜剑。

AR 和 MR 技术，可以让游客来到残垣断壁前，体验曾经金碧辉煌的殿堂如何历经尘世的变迁，成为眼前沧桑的景象；可以到凡尔赛宫，和太阳王一起走过浮夸的长廊，享受大臣、艺术家、诗人的吹捧和谄媚。

虚拟现实技术丰富了旅游景区的内容，让游客得以用新的方式探索体验景点，它不仅可以提升游客的旅游体验，增加了一些原本枯燥的景区的吸引力，同时也给景区的运营商增加了更多的营收项目。据悉，许多旅游景点已经开始着手尝试了虚拟现实技术。

1. 用 VR 技术重建 Buzludzha 纪念碑

为纪念 1891 年保加利亚社会民主党成立建造的 Buzludzha 纪念碑位于巴尔干山脉。由于 1989 年后，当地政府不再维护该建筑，导致 Buzludzha 纪念碑现在已变成一堆废墟。Buzludzha 纪念碑的 VR 项目利用虚拟现实技术重建纪念碑，观众可以戴上 Vive 头显欣赏原来建筑的恢宏壮丽。开发者使用 Unreal 4 引擎，并使用 Autodesk Maya 和 Substance Designer 进行建模和纹理绘制，在细节处理上非常逼真。Buzludzha 纪念碑的 VR 项目是为了让大众更多地关注纪念碑并且重新挖掘这一片废墟的价值。纪念碑重建示意图如图 7-9 和图 7-10 所示。

2. 还原莫高窟

2017 年 3 月，一个真实还原的敦煌莫高窟第 3 窟现身同济大学博物馆，参观者不仅可以亲身走进洞窟观看，还可以借助 VR 虚拟漫游其他 30 多个稀有洞窟。自同济大学的敦煌展于 3 月开幕以来，每天都吸引众多市民前去观看。

图 7-9　纪念碑重建示意图（1）

图 7-10　纪念碑重建示意图（2）

　　展出作品包括 1 个真实还原的洞窟，66 幅以现代数字技术复制的敦煌壁画、6 件藏经洞出土绢画复制品、6 件藏经洞出土文献以及两身三维重建的经典彩塑。

　　敦煌研究院院长樊锦诗表示，"敦煌石窟是不可移动的文化遗产，因此我们用数字技术高保真地复制了敦煌石窟的艺术经典作品 60 余幅，让人们无须到敦煌现场，就能近距离身临其境地观赏。"

　　敦煌石窟包括敦煌市的莫高窟、西千佛洞、安西县的榆林窟和东千佛洞、肃北县的五个庙石窟，共有洞窟 812 个，其中有 735 个集中在莫高窟，这也是到敦煌旅游的游客常到的景点。

而榆林窟、西千佛洞等比较偏远的石窟，往往人烟罕至。

本次展出的壁画复原作品，大部分都是平常游客看不到的，有些是来自不对外开放的洞窟，有些是来自偏远的非旅游点。

在敦煌莫高窟中，每年仅开放 10 个不同时代的洞窟，其他因保护的原因不对外开放。而本次展览中，观众可以通过 VR 虚拟漫游 30 个不常对外开放的珍稀洞窟。在真实还原洞窟的 VR 体验区，每天下午一点半开放以后都一直聚满了观众。

戴上 VR 眼镜便进入了石窟的空间，可以自由地转动身体来观看不同方位的石壁，还可以控制视线落点来放大其中的壁画，达到近距离观察的效果。"数字高清记录的壁画十分清晰，甚至比身临现场看得更多、更清楚。"一名曾到过敦煌的观众表示。莫高窟示意图如图 7-11～图 7-13 所示。

图 7-11　莫高窟示意图（1）

图 7-12　莫高窟示意图（2）

图 7-13　莫高窟示意图（3）

7.2.2　VR 景区

VR 旅游不受物理条件的影响，只要戴上 VR 头盔，就可以瞬间去任何一个想去的地方。这为没有能力探索世界的人群提供了一个认识世界的方式，例如行动不便的老人和残障人士；另一方面让大众消费者有机会去因为各种原因难以到达的地方，例如珠穆朗玛峰的顶峰、北极乃至外太空。

1．Space VR——世界上第一家虚拟现实太空旅游平台

初创公司 Space VR 于 2017 年将发射一颗装着 VR 相机的卫星，让使用者用 VR 设备就可以像宇航员一样体验宇宙太空奇妙景观。

这个卫星发送计划是由 Space VR 和 NanoRacks 两家公司共同规划的，这颗卫星名为 Overview 1。而且 Space VR 正在和 Elon Musk 合作，将使用 SpaceX 的猎鹰 9 号火箭搭载卫星上太空，通过卫星上的装置回传视频。Overview 1 上装的 VR 相机拥有 4K 分辨率，用户戴上三星 Gear VR 或 Oculus Rift 等 VR 设备就可以看到其拍摄的地球全貌，还有整个宇宙空间。不仅如此，该 VR 相机拍出来的照片还可以合成为超高分辨率的 360°图像，让每个人都有机会去感受宇宙的无边无际。Space VR 示意图如图 7-14 所示。

2．Access Mars

前不久谷歌发布的 Access Mars 帮助用户通过"浏览器+VR"的组合就能登陆火星。

据外媒介绍，通过鼠标体验者可以变换当前景观，并且在某些区域还有白色标记，用户可以查看更多细节。这得益于此前火星探测器付出的努力，Curiosity（好奇号）原名"火星科学实验室"（Mars Science Laboratory），是美国国家航空航天局（NASA）的第三代火星探测中，也是目前为止最大的一台。好奇号在火星进行的探测任务包括采集样本，因此用户能够看到的画

面将更加真实、具体，并非一扫而过。通过开发者的不懈努力，未来这款应用或将进一步丰富，在交互体验上也将有所提升。Access Mars 示意图如图 7-15 和图 7-16 所示。

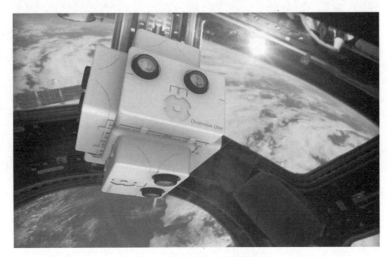

图 7-14　Space VR 示意图

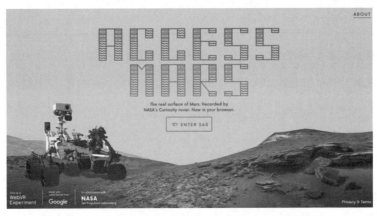

图 7-15　Access Mars 示意图（1）

3. Google Earth VR

著名的 Google（谷歌）公司开发了一款免费应用——Google Earth VR，给了人们一个坐在家里就能上天入地、周游全世界的机会。顾名思义，这款虚拟现实软件就是 Google Earth 软件加上 VR 体验功能的结果，实际效果从官方的一分零四秒的宣传片中可以看得很清楚——我们只需戴上 Vive 头显，然后启动程序，呈现在我们面前的便是可以自由定位、旋转与缩放的 VR 景观，"世界任我遨游掌控"俨然已经变成了现实。虽然这款 VR 应用没有任何打打杀杀的成分，但对于所有从伊卡洛斯时代就在渴望摆脱重力向往天空的人类来说，Google Earth VR 显然让人们向着梦想中的目标又迈近了一步。

图 7-16　Access Mars 示意图（2）

　　Google Earth VR 中，开发团队为用户插上了能在天空自由翱翔的翅膀，因此用户大部分时间都会以"上帝视角"俯瞰地球。考虑到用户在"飞行"途中，四周的物体都会迅速移动，很多人可能会因此产生眩晕。技术团队利用"隧道视野"的方法，将视线聚焦在中心区域，模糊外围的景物，降低晕眩感。与人们熟悉的传统 2D"谷歌街景"大不一样，Google Earth VR 采用了精准的建模识别度和贴图渲染技术。开发团队依据专题、城市、自然风貌等进行分类，重点还原了那些全球著名景观建筑。开发团队不仅基于真实的地形数据，还原了山川湖泊，还用摄影测量法和航拍建筑物等方式，对它们进行 3D 建模，最后制造出了影院般沉浸式的逼真视觉效果，用户穿行其中完全如同身临其境。

　　如果用户飞累了，只需点击任何一个点即可着陆。拉近建筑物时，建筑的内部结构等细节便呈现在眼前。不管用户想像巨人那样俯瞰微缩模型般的城市，还是想像一个普通游客那样在街道里自由穿行，都没人阻拦。Google Earth VR 示意图如图 7-17～图 7-19 所示。

图 7-17　Google Earth VR 示意图（1）

图 7-18　Google Earth VR 示意图（2）

图 7-19　Google Earth VR 示意图（3）

7.3　VR 医疗

　　虚拟现实技术在医疗培训、临床诊疗、医学干预、远程医疗等方面都有一定的应用空间。在医疗培训方面，虚拟现实技术可以突破实验设备、实验场地和经费等物理方面的局限，让更多的医学院学生或者医生可以沉浸在虚拟现实环境中进行训练并学习新技术，加深对训练内容的理解。虚拟现实技术从无到有地制造了一个完全真实的经历给医生体验，刚刚走出医学院校门的新手，借助虚拟手术系统可以成为经验丰富的外科手术高手，而且利用虚拟现实技术，同样的病例和场景可被重复使用,可以节省资源。国内医生一般用活猪练手,成本很高,如果用手术模拟器练习,可以大幅度降低手术成本。在医学干预方面,VR 技术适用于精神疾病干预和康复医疗干预。

本节将从 VR 心理疗法、VR 手术直播以及 VR 健康管理 3 个方面来对 VR+ 医疗进行说明。

7.3.1 VR 心理疗法

关于 VR 心理疗法,下面通过列举市面上常见的集中典型的 VR 系统具体介绍。

1. 牛津大学治疗妄想症

牛津大学的学者通过实验发现,虚拟现实(VR)技术可以帮助妄想症患者认识到他们所害怕的社会情境其实是安全的,从而走出被害妄想的阴影,正常生活。

30 名妄想症患者参加了这次实验,进入由计算机生成的地铁车厢和电梯模拟情境。科研人员鼓励其中一组患者降低防卫心理,并走近计算机角色(化身),与这些角色近距离面对面站立,或者直视他们,尝试着了解这样做是安全的。另外一组患者则被要求使用平日的防卫行为,例如避免眼神接触。治疗妄想症的 VR 系统示意图如图 7-20 所示。

图 7-20　治疗妄想症的 VR 系统示意图

在测试结束之后,第一组患者大幅度减少了迫害妄想症,一半以上的患者不再有严重的妄想症。第二组患者的妄想症症状也有某种程度降低。

主持该研究的牛津大学临床心理学家丹尼尔·弗利曼(Daniel Freeman)说:"妄想症的核心问题是,患者毫无根据地认为自己受到了他人的威胁。我们通过使用虚拟现实技术让他们重新认识到,他们很安全。他们一旦这样认为,妄想症自然就消失了。"

尽管参与这个小型研究的患者仅进行了半小时的虚拟现实体验,而且研究人员随后也没有进行长期的追踪,但是弗利曼说,结果"格外好"。

其中一名患者托比·布拉巴姆(Toby Brabham)在 20 年前被诊断患有精神分裂症,曾有严重的妄想症。他说:"我以前总是听到有声音向我靠近。我会避免外出,不得不外出的时候,我尽量低头不跟人有眼神接触。我感到非常孤立。"

布拉巴姆的妄想症已经被成功治愈。他表示："我每次进入地铁车厢或者电梯时，都会想起使用虚拟现实的经历。我认为这对减少我的焦虑感非常有帮助。"

牛津大学估计有 1% ~ 2% 的人在人生的某个阶段遭受妄想症的困扰，该疾病通常由精神分裂症等精神疾病引发。妄想症患者有着很强的不信任感，他们会避免跟人接触，很少离开家外出。

弗利曼还说："我想，这令人一窥精神医疗的未来。随着各种虚拟现实头盔的上市，虚拟现实正经历一场革命。一旦这些设备的价格降下来，我们将会在医疗机构，甚至人们的家中看到它们。"

这项研究由英国医学研究会（Medical Research Council）赞助，研究结果发表在《英国精神病学期刊》（*British Journal of Psychiatry*）上。

2. 波兰西里西亚工业大学自闭症洞穴

由于自闭症儿童在集中注意力和现实生活中的人际交往上困难重重，西里西亚工业大学（Silesian University of Technology）的科学家们设计了一个特殊的 3D 洞穴（Cave），把孩子们传送到一个虚拟的世界，帮助他们专心完成康复训练。

这个洞穴基本上就是一个虚拟现实世界，基于训练士兵的仿真器设计，目的是不断激发孩子们的想象力，让他们保持兴奋状态。

洞穴的设计者之一，科学家 Piotr Wodarski 称："当一个孩子进入我们的洞穴时，一系列的运动就被激活了，光学系统会估量身体部位所处的位置，以把物体置于手掌可以够到的位置，或者置于人的头部。"例如，孩子们会被要求移动彩色的积木，但是用一种比普通康复练习更加交互的方式。

虚拟现实 Cave 治疗系统的另一位设计者 Marek Gzik 称："虽然与那些孩子交流很困难，但依靠这项技术的帮助，他们可以敞开心扉，我们也因此能详尽客观地准确诊断他们的病因所在。例如，我们通过测量他们的关节活动，来判断哪种康复方法对他们最有效。"

系统的进一步完善包括稍微提升个性化设置，以适应每个孩子的个人需求，以及不同的智力和体力发展水平。最终——也是最理想的情况——他们希望孩子们能够在家里用头戴设备使用这套虚拟现实系统。

7.3.2　VR 手术直播

虚拟现实技术中 VR 手术直播是目前较为广泛的应用之一。通过特殊的全景相机架设在手术室主刀医生的上方，就能够把第一现场的场景 360° 完全摄录下来，再通过专门软件拼接融合传输到云端，使用者通过专门的 APP 或者微信网页端的视频播放器，结合现有的手机端虚拟现实设备就能身临其境地在手术室观摩手术了。

以往 VR 直播技术，主要应用于运动比赛和演唱会等文体娱乐现场。相比之下，手术室的 VR 直播难度更大，除了因为空间太小全景照容易变形之外，还要兼顾好手术室全景和手术细节展现的需要，特别是目前的手术多是微创手术，手术的细节更多是通过手术室的高清显示器中的图像来显示。以往微创手术的转播观摩，就只能看到内窥镜下的图像，就连主刀医生都未必能出现在图像中，更何况是手术中起配合辅助作用的助手、护士以及麻醉师。这让无法亲临现场的低年资医生只能看个热闹，很难理解高难度手术中的玄机和技巧。VR 手术直播的出现，让这些困境迎刃而解。

1. 上海交通大学医学院 VR 手术直播

2016 年，上海交通大学医学院附属九院种植科进行了一次颇为特殊的手术，并为该手术进行了全程 VR 直播。

据了解，这是一场特殊的高难度手术，包含颧骨种植体植入手术和数字化导板下细直径种植体修复重建上颌无牙颌的手术。不过，手术的亮点却在于，实现了现场高清 3D 同步全程 VR 直播。这可能也是国内第一场全程 VR 直播外科手术。

将高难度的颧骨种植现场手术通过 VR 直播展现给观摩者，意义在于可以使得观摩者清晰观察到手术的细节，包括口腔颌面部手术操作的空间和纵深，获得亲身体验。据了解，观众在观摩手术的同时，可以就手术步骤及相关疑惑，与做手术者和现场解说专家进行实时交流，可谓口腔种植实战经验的学术盛宴。该手术 VR 直播示意图如图 7-21 所示。

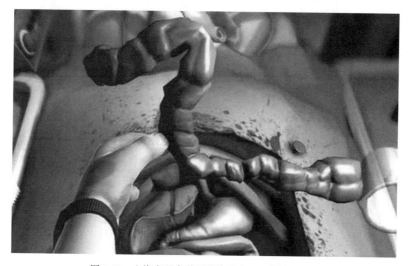

图 7-21　上海交通大学医学院手术 VR 直播示意图

这一精彩的 VR 直播外科手术吸引了全国 5000 名口腔种植科医生共同参与。

2. 上海瑞金医院 VR 手术直播

2016 年 5 月 30 日上午，上海瑞金医院的手术室里面，中国腹腔镜外科首席专家郑民华教授成功为一名 80 多岁的右半结肠癌患者实施肿瘤切除手术，并首次通过虚拟现实技术（VR）对手术全程进行了直播。这也是国内用虚拟现实技术实现身临其境般"围观"的手术。同时为了更好地体现现实手术细节用于满足微创手术教学需要，在全景 360°VR 直播的基础上，还把 3D 腹腔镜视频信号整合进直播过程中，这在全球范围内首创。上海瑞金医院手术 VR 直播示意图如图 7-22 所示。

3. 皇家伦敦医院 VR 手术直播

世界上第一场虚拟现实（VR）手术直播于 2016 年 4 月在皇家伦敦医院进行，目的是改进

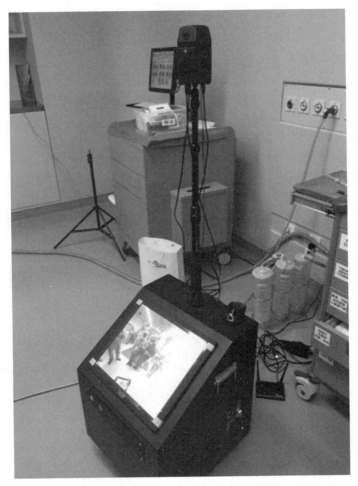

图 7-22　上海瑞金医院手术 VR 直播示意图

医学院学生的训练。

　　皇家伦敦医院成为世界上第一家举办虚拟现实手术的医院，该手术由一位顶尖的癌症外科医生实施，并且直播给成千上万位医学院学生观看，让他们学习第一手的手术知识。

　　Barts Health NHS Trust（巴兹保健和国民信托，简称巴兹）的肿瘤外科医生 Shafi Ahmed 博士是英国一流癌症外科医生之一，也是医疗保健公司 Medical Realities 的联合创始人之一，该公司正在使用增强现实和虚拟现实技术来试图改变医学院学生的培训方式。

　　巴兹跟虚拟现实和 360°视频制作科技公司 Mativision 合作，于 2016 年英国夏令时 4 月 14 日星期四在皇家伦敦医院直播一场在一位结肠癌病人身上进行的手术，整个过程使用两台拥有多镜头的 360°摄像机拍摄。

　　该视频在 VRinOR 应用中使用 Mativision 的 360°虚拟现实播放器直播，这是世界上交互式内容和体验制作所拥有的唯一关键技术。

　　在手术期间，一些在巴兹的医学院学生将会使用头戴设备在皇家伦敦医院的研讨教室里和伦敦英国女皇玛丽大学里观看手术过程。

Ahmed 说："我很荣幸这个病人能够同意用他的体验提供这次无与伦比的学习机会。作为医学界新技术的冠军，我相信虚拟和增强现实技术可以彻底改变外科教育和训练，尤其是没有 NHS 医院的资源和设备的发展中国家。我很兴奋这个项目的扩展给全世界带来更多的医疗学习。"

只要用户拥有一个虚拟现实头戴设备，例如 Google Cardboard 或者其他版本的头戴设备，都将能够直播并且远程观看手术。

Mativision 的营销与合作关系主管 George Kapellos 说："这将会是 Mativision 一个非常重要的里程碑，它将会是我们的 360° 和虚拟现实专有技术第一次用于垂直医疗。这是一个非常好的例子，展示了虚拟现实如何成为一个强大的教育工具，并且将其范围扩展到超越娱乐。"

7.3.3　VR 健康管理

关于 VR 健康管理，下面通过列举了市面上常见的集中典型的 VR 系统进行具体介绍。

1. 瑞士创业公司 MindMaze 推出的 MindMotionPro

瑞士创业公司 MindMaze 推出了一套 VR 神经康复治疗系统 MindMotionPro，并在 2013 年将该平台推向欧洲市场，数百名中风患者已经使用该平台进行康复治疗。现在，MindMotionPro 已通过了美国食品药品监管局的审核正式进入医疗系统。MindMaze 为此筹集了 1 亿美元资金，计划进入美国市场。

根据 *The American Journal of Managed Care* 中的研究数据，美国每年有 80 万人遭受中风，对健康、经济生活的损失高达 650 亿美元。MindMaze 的 VR 治疗系统为急性中风患者以及慢性中风患者提供了一个不用服用任何药物也能好转的治疗方案。

MindMotionPro 通过虚拟现实游戏来刺激患者的大脑，对身体做出相应的活动，让身体慢慢地重新回到大脑的控制中。由于 VR 可以模拟各种各样的运动场景，患者可以进行标准康复计划 10~15 倍的运动量，并且觉得很有趣。据反馈，使用 MindMotionPro，慢性中风患者几乎全都忘记了他们是在医院接受治疗。

目前，MindMaze 正在开发一个新平台 MindMotionGo，可让患者出院后在家使用 VR 治疗以预防复发。可以说，VR 在治疗中风患者上取得的成功相当令人振奋。MindMotionPro 示意图如图 7-23 和图 7-24 所示。

2. HYVE Innovation Design 公司的健身器 Icaros

总部位于德国慕尼黑的初创公司 Icaros GmbH 发现了一种新的方式来激发人们锻炼身体的积极性。这个结合了现实世界和虚拟世界的健身系统，让用户在锻炼身体肌肉的同时，还可以成为视频游戏里的主角。该公司希望这套系统可以让人们一劳永逸地解决健身问题，还能免去跑体育馆锻炼的麻烦。

Icaros GmbH 提供了新的创意，并且加入了新的形式——虚拟现实头显。由 HYVE Innovation Design 公司主导设计 Icaros，该公司曾经提出碳纤维 Gridboard 和电动滑板的解决方案。Icaros 外观看起来像是折磨人的或是变态的机器，但是它只是一个正常工作的体育器材而已。使用时放心地把肘部和膝盖放在支架上，跪在 Icaros 上面，然后抓紧把手即可。

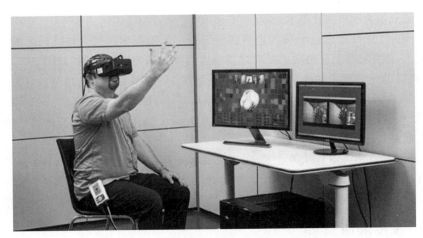

图 7-23　MindMotionPro 示意图（1）

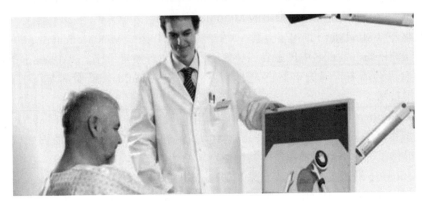

图 7-24　MindMotionPro 示意图（2）

　　这个无线的游戏系统包括了一个手把安装控制部件，它负责控制轨道运动和连接 PC，以及手机上游戏的运行。戴上 Oculus Rift 和三星 Gear VR 头显，用户就被传送到了数字世界，可以飞，也可以浮动自如。Icaros 可以让用户的腿和胳膊向一边滑动，向前、向后倾斜，从这一侧滚动到另一侧，控制用户在游戏中的动作和整个运动的过程。Icaros 的宣传单上说它提供了全面的肌肉组训练：脖子、胸、肩膀、四头肌和腿筋等。Icaros GmbH 公司说它还能帮助人们锻炼平衡能力、专注能力以及反应能力，听起来很棒。

　　Icaros 的设计没有接线，但是只要把可充电的电池充满就能完全地运动起来了。唯一需要插头的地方就是 Oculus 头显连接计算机的线了。当用户使用 Gear VR 时，在智能手机上打开 Icarus 的 App 运行，那么整个系统也就不需要线了，全靠电池运转。

　　Icaros 的 CEO Michael Schmidt 告诉玩家，Icaros 健身器往往会在电池耗尽前就玩不动了。他估计，玩家使用三星 S6 手机加 Gear VR 可以玩 2~3 个小时，单纯用控制器玩可以持续 4~5 个小时。这对于 VR 的体验时间听起来倒是蛮合理的（Gear VR 也可以充着电一直玩下去）。Icaros 示意图如图 7-25 和图 7-26 所示。

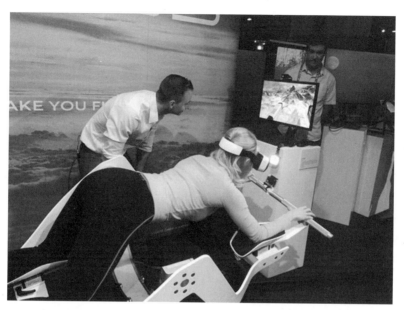

图 7-25　Icaros 示意图（1）

图 7-26　Icaros 示意图（2）

7.4　VR 心理健康

现今生活节奏加快、学习工作压力大，诸多隐藏的心理问题诱发出的公众危机事件层出不穷，危害到公众安全和社会稳定。因此采取合适的方式进行适当的心理辅导就显得非常重要。

7.4.1　VR 心理健康教育的现状

1. 传统心理咨询室和 VR 心理中心的对比

首先，被辅导者对心理辅导有抵触情绪，怕被歧视。其次，传统心理咨询室场景模拟靠想象，无法给予真实的刺激和感受。而且辅导方法传统，不能个性化治疗。接受治疗后却不能对治疗效果进行量化，治疗效果不明显。

而 VR 心理中心通过拓宽传统心理训练外延，能力提高认证化，让被辅导者主动寻求提升。通过虚拟现实技术，让被辅导者感受身临其境。而且针对不同的情况可以提供相匹配的场景和不同等级的个性治疗。最后通过收集皮肤电、脑波等个性化生物数据，让效果科学并一目了然。

2. 虚拟现实心理教育咨询情况

20 世纪 90 年代，加拿大魁北克大学终身教授布沙尔博士创立了全球唯一一个利用虚拟现实技术研究焦虑及相关心理治疗方案的顶级实验室，并开展了持续的临床研究。该套 VR 心理治疗产品和解决方案早年便通过了加拿大公立医疗体系验证，如今已经为全球超过 16 个国家和地区的人们提供心理治疗服务。

国内在相关领域起步较晚。北京大学作为国内最早引入学生心理健康水平筛查的示范性高校，在加强自身研究水平的同时，也积极引进先进科技技术，并采用了威爱教育 VR 心理中心的内容。北京师范大学作为我国心理学排名第一的高校，利用虚拟现实技术成立了完整的教学中心，用于心理教学，心理辅导，扩大了其在心理学教育和应用的领先地位。虚拟现实实验室在 2018 年 9 月引进威爱教育 VR 心理中心内容。

7.4.2　VR 心理健康中心的功能

VR 心理咨询中心是基于传统心理咨询中心的不同功能教室需求，结合虚拟现实技术沉浸式特点，分别在个体咨询室、放松室、宣泄室、心理测评室做升级改造。在不同功能室部署相应心理辅助系统、虚拟现实硬件设备，其特点是模拟不同场景暴露、交互式行为训练，支持心理咨询师的心理咨询工作，满足不同个体的放松、宣泄、测评等不同需求，有效提升心理咨询的质量和效果。

1. VR 焦虑干预辅助系统

1）减压放松

VR 技术可以通过技术给人们物理感官上立刻呈现让人放松的场景。VR 技术可以完成对现实世界的隔离，同时人类的认知系统与真实场景的认知一致。冥想可以让大脑杏仁核区灰物质减少（压力反应的区域、恐惧、压力、紧张脑区域）。前额皮质区域灰色物质的增加（注意力、决策力和逻辑思考能力）。冥想者大脑内部的海马体（感情、记忆和空间能力）会有可以测量到的增厚。改善大脑功能，缓解忧郁焦虑，而且能够逆转大脑的老化进程。

（1）VR 冥想放松——呼吸。打造高度逼真的山巅场景，学生可以身临其境的来到山巅，选择自己最舒服的姿势站立或坐下，根据系统中的语音提示调整状态，根据系统模拟的人体呼吸频率调整自己的呼吸节拍和速度，从而达到心情畅快、平静的效果。VR 冥想山巅示意图如图 7-27 所示。

图 7-27　VR 冥想山巅场景

（2）VR 专注力训练——根据太极拳的手法、步法、手形、步形基本原理设计了不同形式、不同难度级别的太极训练。学生可以根据自己的情况进行合适的训练。

（3）VR 注意力训练——石头平衡。打造了平静的湖畔场景和若干石头模型，学生身临其境地来到湖畔，用手柄抓取石块，根据自己的想法对石头进行堆积，在专注于叠石块过程中训练自己的专注力和心理韧性。VR 注意力训练湖畔场景示意图如图 7-28 所示。

图 7-28　VR 注意力训练湖畔场景

2）恐惧症治疗

虚拟现实暴露疗法是通过让患者长时间暴露于导致其症状出现的刺激中，使得患者产生适应过程而消除症状，并改变对刺激的感知和认识，建立新的行为模式的一种治疗方式。该方法基于 Foa 和 Kozak 的情绪加工理论。传统的暴露疗法分为实景暴露和想象暴露，但是无论是实景暴露和想象暴露都有其一定的局限性。前者不能保证安全，后者无法引起真实的刺激，因此目前而言，虚拟现实暴露疗法是治疗认知性恐惧症的最好方法。

（1）蜘蛛恐惧。营造了沉浸式封闭体验场景和逼真的蜘蛛模型，体验者通过对所处环境中蜘蛛数量由少到多的观察，以达到不再害怕蜘蛛的暴露脱敏效果。蜘蛛恐惧治疗场景示意图如图 7-29 所示。

图 7-29　蜘蛛恐惧治疗场景

（2）恐高恐惧。场景提供多种逼真的高空场景，利用捕捉飞鸟的方式吸引体验者注意力，削弱恐高者强烈的焦虑、恐惧症状。经过多次反复练习，学生即可克服了不必要的心理恐高障碍，达到治疗效果。恐高恐惧治疗场景示意图如图 7-30 所示。

图 7-30　恐高恐惧治疗场景

（3）深海、黑暗恐惧。营造高度逼真的海底场景，包括鲸鱼游动、鱼群迁徙、水母游动等，学生可以通过在黑暗的海底世界长时间暴露，慢慢适应周围的深海环境，从而克服对深海、黑暗的不必要恐惧。深海恐惧治疗场景示意图如图 7-31 所示。

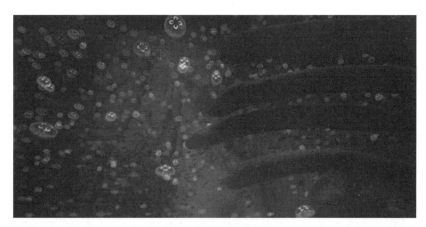

图 7-31　深海恐惧治疗场景

3）自我提高

自我提高模块也同样按照虚拟现实暴露式疗法帮助学生进行恐惧症克服，面对的场景是考试、公共演讲和工作面试等学生常见的场景。虚拟考场场景示意图如图 7-32 所示。该系统通过对场景中人物的反应和实时的生理数据确定学生的暴露源（如面试官反映出不在乎的表情，学生的皮电紧张数据会不会升高）。从而使用暴露源进行反复练习使得学生面对战胜自己心理恐惧。

图 7-32　虚拟考场场景

（1）VR 考试训练。在虚拟考场场景中，心理咨询师可以调节考试环境、考题难度等，学生在虚拟的场景下进行真实的考试答题，考试结束后，生理数据报告会给出造成学生考试表现不佳的原因。经过反复的练习后可以克服不必要的考试心理失常。

（2）VR 公众演讲训练。学生戴上头显后，进入一个虚拟演讲厅，心理咨询师可自由调节听众人数、听众反映、环境变化等因素内容，让学生在演讲中感受到不同等级的临场刺激程度。生理数据报告会给出造成学生公众演讲紧张的原因。经过反复的练习后可以克服这些困难，自信从容演讲。虚拟演讲厅场景示意图如图 7-33 所示。

图 7-33　虚拟演讲厅场景

（3）VR 求职面试训练。学生戴上头显后，进入一个虚拟面试场景，心理咨询师可以调节面试官情绪、表情和反映，让学生感受面试时考官不同的反应。生理数据报告会给出造成学生面试表现不佳的原因。经过反复的练习后可以克服这些困难，做到自信求职，自信表达。虚拟面试场景示意图如图 7-34 所示。

图 7-34　虚拟面试场景

2．VR 宣泄系统

VR 场景内的运动会比正常运动单位时间消耗更多的卡路里。VR 运动由于沉浸感效果，运动的积极性和运动的参与性更高，能保持更专注的运动，从而达到更好的运动效果，有助于释放能量，缓解压力。

VR 拳击发泄。来访者完成训练模式后可进入对战模式。训练模式中，来访者需建立自己的信息文档，记录每一次使用后的数据。不同于单纯的打沙袋，应用将会根据来访者的信息匹配一个合适的拳击运动员训练来访者。对战模式中，来访者需要运用移动、躲避、攻击，对战技巧。来访者战胜一个角色才能解锁下一个角色，智能的场景让来访者在运动宣泄的过程中也能增强趣味性和挑战性。VR 拳击对战场景示意图如图 7-35 所示。

图 7-35　VR 拳击对战场景

3．VR 音乐放松系统

视觉刺激放松，通过 VR 技术刺激人们的视觉神经中枢，让人们的认知系统发出全身放松的指令。音乐激发情绪，采用 PET 或 FMRI 测量脑部。音乐可以激发所有的边缘和旁边缘大脑结构，边缘结构包括杏仁核（Am）、伏隔核（NAc）和海马（Hipp），旁边缘大脑结构包括前扣带回（ACC）眼窝前额皮质（OFC）、海马回（PH）和颞极（Temp P）。音乐刺激杏仁核——边缘和旁边缘大脑结构的中心，是情绪唤起、维持和终止的枢纽。音乐刺激伏隔核——大脑奖励机制的中心，激活的伏隔核会影响腹侧被盖区（VTA）和下丘脑区域，释放多巴胺。音乐刺激小脑——参与音乐的情绪反应，因为小脑和杏仁核之间有丰富的神经元链接，小脑与空间感知和运动相关。

利用虚拟现实技术沉浸式的特点，可以营造多个真实的虚拟场景，学生可针对自身的情绪状态挑选不同的场景类型，还可根据自身爱好选择不同的背景音乐。进入真实的虚拟场景后，通过音乐疗法和自然环境引导降低焦虑程度，达到深度的放松。

系统营造了热带雨林的清晨、布满繁星的夜空等不同场景，学生可进入场景，远离喧嚣，沉浸在祥和而舒适的环境里，静听怡人悦耳的旋律，享受全球的自然美景。

通过阳光普照的沙滩、璀璨壮丽的北极光、巍然屹立的山川的场景，让学生沉浸在风景优美的环境中，达到放松身心的效果。VR 音乐放松场景示意图如图 7-36 所示。

图 7-36　VR 音乐放松场景

4．VR 自我认知教育系统

（1）职业测评。系统设置了不同形式的职业测评，学生根据语音指导进入职业测评，通过测评数据分析结果输出适合测试者的职业，职业类型匹配了真实工作场景的全景视频介绍。例如 IT、会计、销售、HR 等职业，增强来访者对于适配自己职业类型的真实体验，精准理解不同类型下的工作状况。

（2）生命教育。逼真模拟一个病人真实发生的濒临死亡体验，学生戴上头显后，进入无法行动的场景，平躺后体验到眼前光怪陆离的各种濒死场景。通过对一个类似死亡的濒死体验感受死亡，从而感知到生命的重要，对死亡有更理性、更客观的认识。濒临死亡体验场景示意图如图 7-37 所示。

图 7-37　濒临死亡体验场景

7.5　VR 其他应用

随着计算机科学和相关技术的发展，及虚拟现实技术的不断成熟，虚拟现实技术已经在军事、社会的各个领域得到了进一步的应用，取得了丰硕的成果，在军事、航空领域显示出巨大的应用价值。

7.5.1　VR 军事应用

1. 联合众成：基于 GIS 的三维电子沙盘系统

联合众成电子工程技术有限公司自主研发了一款基于 GIS（地理信息）的三维电子沙盘系统，该系统融合了多媒体显示技术、多媒体通信技术、仿真建模技术、数据管理技术及网络传输技术。该系统将地理信息系统、三维仿真、军事模拟等高新技术紧密结合，是三维交互式仿真与模拟一体化的平台。

虚拟三维电子沙盘系统的基本功能有三维环境生成与展示、提供多次三维分析工具、实时信息查询、辅助测量计算和决策及数据添加导入和融合。

虚拟三维电子沙盘系统在军事领域得到了越来越广泛的应用，将虚拟三维电子沙盘系统应用在军事领域的主要作用有：为各级作战指挥提供一个三维的作战模拟地形环境；为各级作战指挥提供一个动态的作战模拟地形环境；为各级作战指挥提供一个可交互的作战模拟地形环境；可以满足军事决策的可视化、远程化和科学化的需求；能够提高自动化军事指挥的水平。

2. 海军研究办公室：海军陆战队 ETOWL

过去计算机模拟技术已被用于士兵训练，提高训练效率并研发更具杀伤力的武器。现如今，研究人员正在转向虚拟现实技术，以减轻士兵携带的负荷。

海军研究办公室（The Office of Naval Research，ONR）在新闻稿中称，其向海军陆战队提供了一个三维计算机模拟程序 ETOWL，该程序可以测量设备重量，分布对人体力学的影响。与计算机游戏类似，ONR 的 ETOWL 程序允许用户创建替身，替身基于 7 个男性和女性的身体类型，用户可以选择替身装载尽可能多或尽可能少的设备。然后，用户在测试场景和虚拟障碍课程中运行负载装备对士兵的影响。例如，ETOWL 使用彩色编码系统标识放置在数字替身的"关节应力点"。

该方案和软件交付给海军陆战队远征步兵班（Gruntworks Marine Expeditionary Rifle Squad），海军陆战队远征步兵班移动能力强，是海军陆战新兴设备测试中心之一。

ETOWL 除了能进行个体学习以外，还包括改善车辆设计，允许海军陆战队员适应更好的产品设计，改进数据集，提供更好的模型等优势。

ONR 副主任 Brig. Gen. Kevin Killea 称，ETOWL 与 ONR 的使命完全吻合，能帮助士兵开发突破性技术，增强应变能力，提高身体优势和作战整体表现。ONR 项目经理称，ETOWL 一直是 ONR 使命的重要组成部分，因为有一个系统可以更好地了解人体机能。这是一个新兴的研究领域，将在未来变得更加重要。ETOWL 从 ONR 转移到海军陆战队后，学术界可广泛研究该计划。事实上，ETOWL 是在美国爱荷华大学计算机辅助设计中心开发的，学术界可以进一步改进和研究 ETOWL。

7.5.2　VR 航天应用

1. 第 5 代战机空战 VR 系统

2015 年 8 月 19 日，"立方体"公司与洛克希德马丁公司签署了一系列生产和加强 F-35 的空战训练系统的合同。据悉，该空战训练系统的子系统包含了"P5 作战训练系统"，该空战训练系统的主要性能有：记录任务相关数据、统计作战滞后时间、统计空间和位置信息、对参训飞机提供实施空中画面、训练时仍保持隐身性能，通过全方位服务来实时指导或执行后指导作战训练。该系统可用于空对空、空对地、地对空作战训练。

在利用第五代战机 F-35 进行作战训练前，飞行员主要是在虚拟现实技术模拟出的全球各地的场景中进行飞行训练。除此之外，F-35 还配备了各类传感器，为飞行员提供 360°环境感知能力，帮助飞行员快速地获取目标、危险和攻击信息。

2. Kingsee——飞机维修 VR 系统

Kingsee AR 智能眼镜全终端工作辅助和培训系统在工作、管理、培训和知识积累这几方面展示出智能化飞机维修的优势。

1）实时指导

结合手册，可以将飞机维修工作程序或者工卡导入 AR 智能眼镜工作辅助系统内，结合增强现实技术工作，将工作过程和要求可视化、流程规范化，提高效率；降低成本，避免重复劳动。

2）透明管理

管理人员通过智能终端设备，同时可以和维修计划系统、工时工卡管理系统、航材系统对接，对工作过程中从人到物的各个环节加以控制和管理，保证工作结果的高效率和高质量。

3）个人教练

将工作程序或者工卡导入 AR 智能眼镜工作辅助系统内，结合增强现实技术工作，将工作过程和要求可视化、流程规范化，解决传统在线学习理论和实际脱节，解决"学时不能用，用时不能学"和"遗忘曲线"等困境，实现智能化培训。

4）知识沉淀

实时捕获员工维修过程中好的经验和技能，对一线员工维修大数据进行收集与分析，让辅助工作系统成为维修知识管理的过滤器和沉淀器。

图 7-27 和图 7-28 为 Kingsee——飞机维修 VR 系统示意图。

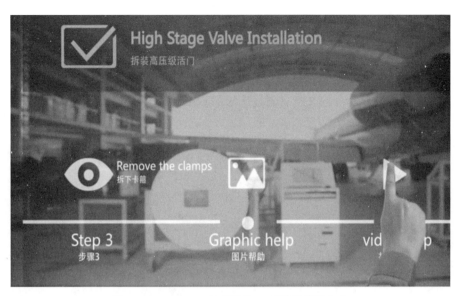

图 7-38　Kingsee——飞机维修 VR 系统示意图（1）

图 7-39　Kingsee——飞机维修 VR 系统示意图（2）

7.5.3　VR 设计应用

1．HTC Vive：MakeVR

MakeVR 是 HTC Vive 的 3D 建模和计算机辅助设计引擎。这款软件仅需要使用双手的手势来控制，它能够创建和编辑对象。使用 HTC Vive 的房间尺寸功能意味着有一个大画布供用户使用，并创建与用户所期望的一样简单或详细的 3D 模型。MakeVR 还允许将虚拟空间内创建的模型导出为 3D 打印的标准文件。

自从 2014 年年初以来，虚拟现实内容创建者 Sixense 已经大大改善了 MakeVR，扩大了其最初的仅支持 Oculus Rift 的局限，并扩展了控制器的支持，其中包括 HTC Vive 的手柄。开发商 Sixense 表示，开放 MakeVR 的目的是让所有年龄和技能水平的用户都可以创建 3D 内容，而无须知道如何编程或经常使用复杂的 CAD 软件。MakeVR 示意图如图 7-40 和图 7-41 所示。

图 7-40　MakeVR 示意图（1）

图 7-41　MakeVR 示意图（2）

2. Gravity Sketch

Gravity Sketch 的初代 IOS 产品已经为上千名创作者所用，基于这些反馈，Gravity Sketch 开发了一款特定的智能面板来绘制 3D 模型，用户可以在触摸屏和 Wacom 手写板上绘制设计 3D 模型，然后通过 VR 虚拟现实设备，使用 VR 手柄在立体空间中进行模型设计。此次 Gravity Sketch 将 VR 技术与 3D 打印结合，为用户带来一次全新的神奇体验。

据了解，这个设计工具的直观性使艺术家能够忘记其曾经在工作中遇到过的问题，实现想法的无缝沟通，让设计师走进自己的创作世界。最后随着软件的改进，设计师们甚至可以进一步合作，进入到共同创作的虚拟环境中。

用户可以一秒钟在虚拟空间内绘制多种 3D 几何图案。Gravity Sketch 会对手柄的压力和运动做出反应，让用户在 VR 虚拟空间里勾画模型轮廓，并控制几何线条的厚度，此外，这些通过 VR 设计好的几何模型也同样可以运用到 CAD 和 C4D 等传统制图工具中去。

通过 Gravity Sketch 进行模型设计，可以带来非常极致的沉浸感。用户可以在 VR 的虚拟立体空间中尽兴地展现现象力，Gravity Sketch 整合了 3D 输出端口，用户可以将自己的设计成果通过 3D 打印机直接制作，从设计理念到制作成品，Gravity Sketch 让 3D 打印变得非常便捷。

事实上，这款设计工具不仅可以供设计师们使用，那些一直期待接触 3D 打印技术的人也可以轻易上手。对于任何年龄和专业知识水平的人来说，这都是一个有趣又丰富的设计软件，能够很快地了解并熟练运用。

同时，借助 VR 技术的力量，用户在设计时的任何动作都将得到反馈，包括笔的运动轨迹、速度以及控制线的厚度。除此之外，该软件与其他的诸多计算机辅助设计软件包都能够兼容，模型可以导出和共享，并拥有 OBJ 和 STL 格式供 3D 打印机打印。Gravity Sketch 示意图如图 7-42 ~图 7-44 所示。

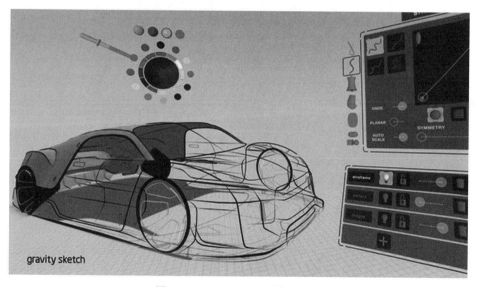

图 7-42　Gravity Sketch 示意图（1）

图 7-43　Gravity Sketch 示意图（2）

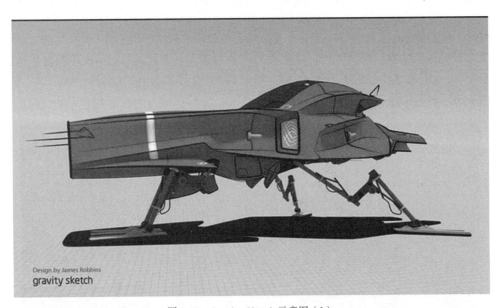

图 7-44　Gravity Sketch 示意图（3）

3. VR 家装设计

现今，很多装修公司面临的首要烦恼是：客户如不能在短时间内看到装修效果，便会选择放弃该公司，从而导致公司业绩直线下降。不少家装设计师也表示：自己设计的家装图纸看似潮流、多样，但均为静态，没有足够的说服力和吸引力，很难吸引家装公司和消费者为自己买单。为了解决双方所面临的问题，VR 家装设计应运而生。

　　VR 家装设计分别帮助家装设计师和家装公司解决其关心的家装设计作品呈现、客户引流和签单等问题。对于家装设计师而言，他们主要关心 VR+ 家装软件是否好用，客户能否直观了解自己的家装设计作品，是否认可自己的设计才华；而对于广大家装公司来说，他们更看重 VR+ 家装软件能否吸引更多业主前来咨询，能否有效提升公司签单率。VR 家装设计正好可以解决家装设计师和家装公司的痛点和难点。

　　VR 家装设计除了高效便捷展现真实的场景式整体家居效果外，还能对企业用户提供诸如人员管理、供应链管理以及沉浸式效果体验等方面的服务。VR 家装设计软件是类似 CAD、3D Max 的室内设计软件，但不同的是，它不仅能做室内设计效果图，还能实现 VR 交互，实时渲染，让业主身临其境地体验室内装修的效果，如果不喜欢还可自主定制或一键更换。VR 家装设计可大大提升消费者的购物体验，同时提升家装公司的成单率。

　　值得一提的是，VR 家装设计除了在体验上具备超前优势，还有更重要的一点是将终端销售化繁为简。VR 家装设计直接让顾客看到虚拟空间中的场景，同时还可通过录视频、拍照等方式，将体验的"真实"场景带回家中与家人朋友一起参考，实现社会化营销。因此，VR 家装设计可大大缩短销售周期，顾客感知装修效果后，可以加快顾客购买决策，让成交变得更简单。

　　VR 技术所营造的虚拟现实环境能最大程度让顾客看到接近真实的产品和房间布置。VR+ 家装一方面吸引有家装需求的业主，通过多产品、不同套系、不同主题的一键切换，业主可随时查看到"真实"的装修效果；另一方面，VR+ 家装也提高了家装公司的签单转化率，当业主前来咨询时，家装公司可在 VR 技术帮助下短时间打动客户。VR 家装设计示意图如图 7-45 和图 7-46 所示。

图 7-45　VR 家装设计示意图（1）

图 7-46　VR 家装设计示意图（2）

7.6　本章小结

本章介绍了虚拟现实技术在不同行业的成功应用，主要包括以下 5 个方面的内容。

（1）VR 电商。

（2）VR 旅行。

（3）VR 医疗。

（4）VR 心理健康。

（5）其他应用。

技术的发展需要有应用场景的支撑。虽然在这一阶段，虚拟现实技术主要运用在游戏、娱乐等生活应用上，但是虚拟现实不会局限于此，针对虚拟现实与传统行业结合的探索也从未停止，而且已经取得了一定的成果。本章选取了 11 个细分领域，精选了 25 个具体案例加以介绍，旨在展现虚拟现实技术的巨大潜力并启发读者探索新的应用场景。

第 8 章

未来虚拟现实

　　虚拟现实技术从诞生至今已超过 70 年。在这几十年的时间里，人们见证了"虚拟现实"4 个字从概念走向现实，从艺术作品走向日常生活。可以想象，未来虚拟现实技术和应用还将继续发展。如今 VR 炙手可热，社会越来越多地将目光投向这个领域，人才也越来越多地投身其中。在如今全民创新创业的时代中，结合国家政策的支持，VR 将大有可为，VR 技术和应用都将取得更大的发展和进步。本章将结合当前的形势，展望未来虚拟现实的发展。

8.1　虚拟现实与教育

　　时至今日，我国教育领域仍然采用传统的教育方式。这种教育方式将整个教学过程分为预备、提示、联想、概括、应用等 5 个阶段。传统教育方式更加重视课堂教师与学生面对面的教学、教师在整个教学过程中的主导作用以及科学知识的系统传授。在整个教学过程中，教师需要根据自己对知识的理解进行讲授，教师对知识的理解深度直接影响整个教学过程的教学效果，以及学生的掌握程度。特别抽象的知识或特别具体知识的讲解对教师和学生来说都是巨大的挑战，同时也是对学生学习和理解这些知识的挑战。对于实验类课程的教授，教师也会考虑安全性和可行性等问题，对其进行选择，选择安全性和可行性较高的实验进行实操讲授。有时受到实验条件的限制，教师并不能较好地完成整个实验，导致学生不能很好地掌握和理解实验相关的知识。对于无法实操讲授的实验，教师只能通过视频等方式进行讲解，这也严重影响了学生接收知识的效果。随着时代变化和社会前进，传统教育也渐渐地变得陈旧和落后。目前，教育领域的各方人士都在积极寻找改进传统教育陈旧和落后的方式。其中表现最为亮眼的方式是将 VR 引入教育领域，利用 VR 的优势来改变传统教育中面临的问题。

　　将 VR 应用在传统课堂中，可以很好地解决当前传统教育所面临的问题。VR 可以为师生提供立体化的教学场景。在整个场景中，不仅有传统的桌椅、讲台和黑板，而且有利用三维建模构建的接近真实的丰富教学资源。对于特别抽象和特别具体的知识，可以通过具体的实物例子进行讲解；对于危险性较大的实验，教师也可以在虚拟的环境中进行实操演示，来给学生们进行讲授；对于无法利用肉眼观察的化学物质的分子结构，也可以在虚拟环境中进行放大展示，使学生能更加直观地了解化学物质的分子结构，以加深理解。VR 的引入使得教师可以更加方便快捷地准备和编写讲课教案，同时也能极大地减轻教师的讲授压力，使整个讲授过程更加具有趣味性。VR 的引入也会使更多的人爱上教师这个职业，从而为教师这个职业提供更多潜在的人力资源。

　　将 VR 应用在传统课堂中，改变了以往教师主导、学生聆听的枯燥乏味，增加了教师与学生的互动性。丰富多彩的教学资源，也使得学生能更加直观地学习和理解知识，减小了学生接受和理解知识的难度；同时增加了学生的学习兴趣，使得学习方式更加主动。

　　目前，社会需要的复合型人才越来越多，就业者需要不断学习新知识，不断充实自己。但快节奏和忙碌的生活方式使得人们难以抽出时间去培训班或者去学校上课，人们开始越来越多地通过在线教育来获取知识。但是，在线教育课程多由视频资源组成，其呈现方式是平面化的，不能更加生动和直观地讲授知识，而且在教授动手技能时演示过程十分烦琐而且效果较差。学习者很难与教师进行一对一交流，这给在线教育的发展带来了阻碍。

　　将 VR 应用于远程教育就能很好地解决这些问题。VR 可以为学习者提供立体化的教学场景，可以为学习者提供视觉、听觉，甚至触觉一体化的真实沉浸感。而且学习者之间、学习者与在线教师之间可以通过实时语音或者位置追踪、动作捕捉等手段进行无障碍交流。

　　VR 在远程教育上的应用可以增强教学活动的效果。通过 3D 建模创造出来的接近真实的虚拟学习场景，不仅丰富了教学手段，让教学内容更具形象性和趣味性，激发学习者的学习兴趣，还可以不受时空限制，减少操作的局限性，为不具备实验条件或难以实现的教学功能创造条件，使身处异地的教师和学习者处在同一个教学场景中，实现异地交互学习，为学习者带来极大的便利。

将 VR 设备应用于远程教育场景中时，在线学习者和在线教师的交流互动利于营造良好的学习氛围，促进学习者进步。但是对于目前的 VR 设备和技术要想实现更好的交流互动，就必须革新交互方式。

VR 能使远程教学变得身临其境，一方面能帮助教师提高教学质量，丰富教学手段和资源；另一方面也能使学习者沉浸在学习环境中，使其获取知识的方式变得更加主动，学习效果更加显著。未来的虚拟教育随着硬件设备以及软件技术的升级一定会更上一层楼，为学习者带来更好的体验。未来 VR 会逐渐走进校园、走进传统教育课堂，会对传统教育领域产生潜移默化的影响。

8.2　虚拟现实与双创

2014 年李克强总理提出了"大众创业，万众创新"的号召，从此我国进入了全民创新创业（双创）的时代，全民创新创业的热情高涨。借着国家政策的东风，许多杰出的创新创业人员纷纷涌现，各领域都出现了许多创新企业，其中在虚拟现实领域创新创业情况更显突出。

近年来，随着 VR 相关技术的迅猛发展，VR 也取得了突飞猛进的进步。2014 年，Facebook 以 20 亿美元收购了虚拟现实公司 Oculus，在业界掀起了一场 VR 热潮。《阿凡达》《盗梦空间》《头号玩家》等电影的相继发行，使得 VR 的概念走进了千家万户，伴随着面向消费市场的 VR 设备的批量上市，VR 的产业浪潮也即将爆发。目前，市场中的许多 VR 设备已经能够提供良好的沉浸式体验，并且已经被广泛地应用到了各个行业中。在 VR 应用最为成熟的领域——游戏业中，VR 发挥出了无穷的魅力，身临其境的代入感使玩家们享受了前所未有的刺激；VR 电影则给观众们提供了一种沉浸式的观影体验；医疗方面，实习医生们通过模拟手术现场来得到实操训练，同时 VR 技术还常常用于一些心理疾病的治疗。另外，房地产公司等也常常通过 VR 模拟出真实的场景，以此来更好地为客户进行推荐。总之，目前 VR 技术的应用范围非常广泛，并且在不同的领域都取得了良好的效果，一个围绕 VR 的巨大产业链正在形成。很多业内人士指出，VR 将来极有可能改变多个行业的游戏规则，成为继智能手机之后的下一个"风口"。自 2008 年国际金融危机爆发以来，全球经济一直处于不温不火的状态，缺乏足够的力量来推动经济的复苏和发展。种种迹象表明，VR 很有可能引发全球经济新一轮的快速增长。

自 Magic Leap 发出融资 10 亿美元的消息之后，诸多企业对虚拟现实技术产生了前所未有的狂热。国内外行业巨头竞相进入 VR 市场，纷纷布局。在 2014 年，Facebook 收购了 Oculus，同时 Facebook CEO 扎克伯格表示，VR 极有可能成为继智能手机之后的又一个重要"风口"。在此不久，谷歌公司推出了一款廉价的 VR 设备——Cardboard。在这两个互联网巨头的牵头下，众多企业纷纷在 VR 领域进行大量投入，其中包括 GoPro、三星、索尼等。除了业界知名企业的纷纷涉足，国外很多非科技企业也纷纷试水 VR 领域。2015 年，美国迪士尼公司正式对外宣布《星球大战：原力觉醒》将提供沉浸式 VR 体验。同年，美国玩具制造商 Mattel 也联合谷歌公司一同推出了一款整合 VR 技术的 View-Master 产品，以此吸引更多儿童。2015 年 11

月,《纽约时报》率先上架了 NYT VR 这一虚拟现实新闻客户端。在国内,无论是终端、器件还是内容,都已经出现了一些具备较强竞争力的企业。除了暴风、腾讯、小米、阿里巴巴等企业高调进军虚拟现实市场,一些新公司和小公司也异军突起。这些公司通过在虚拟现实领域的不断创新实现自身的持续发展。

纵观目前国内外市场,众多企业竞相进入这个还未完全成熟的新市场,这表明 VR 领域具有极其巨大的发展潜力。VR 是一个全新的领域,虽然众多企业纷纷投入其中,但远远没有达到行业饱和。这个领域还有非常巨大的空间需要人们探索。VR 领域是一个创新的领域,VR 行业是一个需要创新的行业。要想在这个行业中生存立足就需要不断创新,紧跟行业潮流和领域前沿,这样才能保证自身的行业竞争力。目前,领域内的产品及技术比较单一,领域创新性不高,这是目前 VR 领域的一个不足,但这对于日后该领域的新进企业却是一个难得的机会。由于 VR 领域的可创新性较强,加之目前该领域创新性不高,所以通过 VR 进行创新难度较低,利用创新成果进行创业也很容易成功。

未来,在 VR 领域,创新将会成为行业发展的主导力量。如果一味循规蹈矩将会使整个行业止步不前,唯有创新才能激发行业潜力,推动行业向前发展。而公司或者企业能生存和发展也需要创新来支撑。创新是发展的第一推动力。创新需要想象,而 VR 可以为人们提供无限的想象空间;创新需要灵感,而 VR 突破了现有生活模式,为人们营造了一个现实世界的模拟,在这个模拟世界中,人们可以做更多的事情,在这种一反生活常态的情况下,往往会获得灵感。未来的 VR 领域一定是创新的 VR 领域,关于 VR 的创新创业也会被越来越多的人追寻思索,也许在未来,在 VR 领域将会诞生一家非常伟大的公司。

8.3 虚拟现实与未来生活

随着 VR 技术的不断进步,其应用领域也变得越来越广。人们可以在虚拟世界中进行更多真实的交流,真实和虚拟的界限将变得模糊。VR 的价值将变得越来越大,其对真实世界的影响也将越来越大。VR 打破了时空的限制,能让人们享受到无差别的仿真体验。

可以设想一下,在不久的将来,人们的一天将是这样度过的:早上起床,洗漱完毕吃过早饭,你像往常一样准备看一会儿时事新闻,戴上 VR 设备,打开新闻客户端。今天的新闻是战争的硝烟,你从 VR 设备进入了虚拟现场,你看到了一个可怜的孩子牵着他的同伴,已经多日没有吃过饭,他家的房子变成了一片废墟,现场枪声、爆炸声不断,时不时就会有爆炸碎片飞来,两个孩子躲到了没有倒塌的棚子下面,你也因为怕碎片炸到自己身上而慌乱地躲闪着……未来的新闻将会以这样的方式呈现,而你只需一个 VR 设备就能获得如此真实的体验。

准备上班了,你可以用 VR 设备来了解实时路况,为出发做好准备。你打开车上的虚拟驾驶测评仪,从实时路况中选出一条便捷且能避免拥堵的路线。VR 可以为你展现整个驾驶场景,让你更加从容镇定地开车并顺利到达公司。

到了公司之后,你开始像往常一样办公。在异地出差的老板突然通知你要开一个全部门的紧急工作会议,于是你和你的同事汇集到一间会议室中,每个人都戴上 VR 头显一同上线,你们在虚拟的工作场景中可以看到周围的同事以及异地的老板。你们在一起进行工作汇报和总

结，为项目进行甄选表决，直接讨论问题。你还可以通过运动控制器和传感器感受到每一位与
会人员的动作和神情。

下午，你要参加一场培训课程。今天老师讲的是你所在工作领域需要提升的技能以及未来
的发展趋势。老师利用 VR 模拟出一个教学系统，在其中对专业技能进行讲解和演示，你作为
学生在这个虚拟世界进行的反复练习，熟练之后，你就掌握了这个新技能。随后，老师模拟了
产业未来发展趋势，你可以从中了解到今后的工作重心以及行业走向，便于确定市场开发和运
营的方向，这种培训方式使你受益良多。

上面描述的 VR 场景你可能会觉得不可思议，但是随着技术的进步，相信这些场景很快就
会出现。不仅仅是这些，《阿凡达》《盗梦空间》《头号玩家》等科幻电影中描绘的场景也会通过
不断进步的 VR 技术成为现实。也许是一两年，也许是几个月。有一天，当你早上睡醒睁开眼
时，一切都已不同！

8.4 本章小结

本章作为全书最后一章，从教育、创新创业与日常生活 3 个方面展望虚拟现实的发展前
景。虚拟现实技术如今已走上了发展的快车道，涌现出大量优秀的虚拟现实产品。可以想象，
未来虚拟现实技术将在更广阔的领域发挥出更大的作用。虚拟现实和教育深度结合，必将引领
教学方法转变，推动学习方式进化，甚至还会在一定程度上塑造新型的师生、教学关系。虚拟
现实与全民创新创业的政策相结合，催生了一批优秀的虚拟现实创新企业。在未来，创新将主
导虚拟现实的行业发展，激发行业潜力。同时，大量优秀的虚拟现实创新企业也将极大地拓展
虚拟现实应用的场景，营造全新的生产、生活方式。也许某一天，人们会发现虚拟现实已经悄
然进入到自己生活的各个角落，广泛运用在人们的衣食住行等各个方面。

附录 A 加州大学伯克利分校 Decal Class VR 项目实践

通过对虚拟现实导论的学习，人们对虚拟现实的技术发展和运用有了更为深刻的了解。毫无疑问，在未来，虚拟现实将走进人们的生活，它将逐渐成为每个现代人不可缺乏的一部分。

相信在阅读完本书后，会有很多读者对虚拟现实软件开发有浓厚的兴趣，而苦于没有合适的教师来指导。在本书的最后，我们针对有虚拟现实开发兴趣的同学开放了一个简易的虚拟现实射击游戏项目教程，希望能对各位同学的虚拟现实技术学习与开发起到一定的引导帮助作用。

该课程原文为本书撰写方合作伙伴——加州大学伯克利分校（UC Berkeley）其下的虚拟现实学生团体的 Decal Class 项目。在经由北京航空航天大学虚拟现实学生社团同学的翻译移植后作为本书的附录项目开放给各位同学学习参考。

本教程开发平台为 Unity3D 2017.2.1 版本，使用的是 WaveVR SDK 2.0.23 版本，适配机型为 Vive Focus。具体资料的下载链接如下。

项目工程文件链接：http://vivedu.com/download。

加州大学伯克利分校 VR 社团 Decal Class 链接：https://vr.berkeley.edu/decal/labs。

A.1 环境搭建

欢迎来到怪物射手的 VR 游戏搭建！下面的学习过程中主要是构建一个如图 A-1 所示的游戏。

图 A-1 射击游戏场景一览

这些实验章节不会全面概述 Unity 和 VR 提供的所有内容,然而它们会涉及很多不同的主题,以便大家了解什么是可能在 VR 开发中被实现的。这些实验课程也将作为一个完整的项目创建实践,对于搭建最终游戏场景来说,每个实验章节都非常有价值。

A.1.1 项目综述

怪物射手是一个生存射击游戏。游戏发生在一个沙漠小镇,玩家依靠手枪来抵挡成群的怪物,直到玩家最终被怪物击倒。

整个游戏将划分成几个不同的区块。每个实验课程将专注于解决单独的区块。

(1)游戏环境。当玩家戴上头显时,周围的世界,所有的道具、纹理、天空盒,模型等,除了枪之外,其中大部分都是静态的和静止的。

(2)枪。玩家能够捡起枪并用它来射击。这听起来很简单,但需要脚本、动画、粒子效果、音效和来自控制器的输入管理的协作来创造扣下扳机那瞬间的体验。

(3)怪物。怪物必须能够在环境中自由行动并找到攻击玩家的路径,当玩家进入到攻击范围时怪物会采取攻击动作。

(4)游戏管理者。游戏管理者在游戏过程中管理怪物的生成,以及当玩家受到伤害和死亡时会发生什么情况。

本实验将重点关注项目的初始设置和环境的创建。

A.1.2 项目设置

首先,先从附录链接中下载项目初始框架。这是一个 unitypackage,该 unitypackage 内含构建项目所需的所有项目资源。接下来,创建一个新项目并导入下载的 unitypackage。可以通过 Assets → Import Package → Custom Package 执行此操作。

导入可能需要一段时间,因为 Unity 将加载和配置大量的纹理和库。特别是,如果看到 Unity 导入了一个名为 AvatarSurfaceShader 的资源,请不要惊慌,该特定资源的导入通常需要很长时间。

一旦导入完成,会在项目视图中看到一堆文件夹,如图 A-2 所示,下面简要介绍一下这些文件夹。

图 A-2 初始环境包文件

(1)Animations:包含枪和怪物的动画数据。

(2)ControllerModel:包含 Focus 的手柄模型数据。

(3)Materials:包含用来定义每个对象在游戏中外观的材质。

(4)Models:包含 3D 模型。

(5)Plugins:与 Focus 打包输出有关的文件。

（6）Prefabs：可以放置到场景中的预制体，其中一些仅仅只是模型，但其他一部分会附加有其他组件或功能。

（7）Scripts：包含帮助运行和驱动游戏的脚本。

（8）Sounds：包含声音文件。

（9）Textures：包含供应给 Materials 文件夹中材质的纹理图像。

（10）WaveVR：Focus 的 SDK。

在深入研究场景创建之前的最后一件事是：通过 Window → Layouts → Default 操作重置编辑器布局。本实验任何屏幕截图都将使用此类布局，这会更轻松地进行接下来的操作。当然该操作对实际项目没有任何影响，所以同样可以使用其他更喜欢的布局。

除此之外，需要在 File → BuildSetting 中将 Unity 平台转换成安卓环境（Focus 本质上属于安卓机）。

最后按图 A-3 所示接受 WaveVR SDK 配置要求即可开始课程开发了。

图 A-3　WaveVR SDK 配置

A.1.3　创建场景

先来创建一个新场景，右击 Project 视图中的空白区域，然后选择 Create → Scene，并将其命名为 Lab。双击新创建的场景将其打开。

首先要做的是删除出现在场景中的主摄像头（Main Camera）和方向灯（Directional Light）对象，添加自己的摄像头和灯光，如图 A-4 所示。

图 A-4　Unity 初始场景

现在进入 Prefabs 文件夹并寻找一个名为 Environment 的预制件，直接应用已创建好的场景物理模型可以节省几个小时的工作量，把预制件拖到左侧的 Hierarchy 视图中，以将其实例化并生成到场景中。

将 Environment 预制件拖入场景，如图 A-5 所示。

图 A-5　Unity 内场景预览

确保检查器视图中的 Environment 对象中 Transform 组件的位置（Position）和旋转（Rotation）归零，并且缩放比（Scale）x:y:z 的比例为 1，如图 A-6 所示。

如果参数值不匹配，请单击右上角的齿轮，然后单击 Reset 按钮。

此时照明已关闭，建筑物太暗并且阴影未正确投射。下面来解决这个问题，但在这之前先将天空

▼ 人　Transform						🗔 ✿,
Position	X	0	Y	0	Z	0
Rotation	X	0	Y	0	Z	0
Scale	X	1	Y	1	Z	1

图 A-6　Transform 组件初始化

盒 Skybox（场景周围的纹理）更改为看起来更像夜空的东西。

转到 Window → Lighting → Settings，打开一个包含此场景的所有照明数据的新窗口。找到 Skybox Material 栏，然后单击右侧的小圆圈，打开一个天空盒的选择提示框，搜索 nightsky2 并选中，修改天空盒设置后的视图如图 A-7 所示。

图 A-7　Skybox 替换后的 Unity 视图

随着天空盒设置完成，现在可以着手修复照明。在照明窗口的底部单击 Generate Lighting 开始计算适配场景的照明，也可以勾选 Auto Generate，这样再进行任何更改后 Unity 都会自动调整光照。

A.1.4　加入 VR 支持

如果现在尝试运行场景，只会看到一个黑屏并告诉您场景内没有相机。这是因为先前删除了新场景附带的主摄像头 MainCamera，现在来解决这个问题。

进入 WaveVR / Prefabs 文件夹查找 WaveVR 预制件并将其拖入 Hierarchy 视图中。本相机来自 Focus 的 SDK，确保它的 Transform 的各项参数也同先前 Environment 预制件一样被设置为 0 和 1。然后就可以再次运行，出现如图 A-8 所示的界面。

图 A-8　Unity 内未调整的 VR 视角

可以发现现在头部和地面平齐，这显然不是想要的情况。要解决此问题，可在 Hierarchy 视图中选中 WaveVR 下的 head 组件并将其 Transform 组件中 Position 参数的 y 值修改为 1.6，并在 Inspector 视图中将 Wave VR_Render 中的 Origin 从 WVR_Pose Origin Model_Origin On Ground 更改为 WVR_Pose Origin Model_Origin On Head，现在再试一次，效果如图 A-9 所示。

这个错误的原因来自于 Focus 如何将游戏中的"人物"在物理空间中的位置与 Unity 中场景中的一个点相关联。请注意，WaveVR 的位置是（0，0，0），如果在 Scene 视图中查看它，它就位于地面上。而其子对象 Head 对象代表了人物的头部。

通过眼睛水平跟踪，Focus 将玩家的"头部"，即头显正好放在 WaveVR 所在的位置，这就是玩家视角落在地面上的原因。但随着提高头部的位置，Focus 将重新定位头部位置，同时修改 Origin，保证在设备中头部位置不会偏移，将头显放置到正确的高度。

图 A-9 Unity 内已调整的 VR 视角

1. 添加手柄和支撑物

现在要把手和枪交给游戏,这样就可以在两者之间建立互动。但是,在添加枪之前,先添加一个支架来放置枪,以便在开始游戏时能够触及手臂,如图 A-10 所示。

图 A-10 Unity 内的手枪与木箱

现在从手柄开始设置。进入 ControllerModel / Link / Resources / Controller 文件夹中并将 vr_controller_tank_0_8_MC_R 预制文件拖放在 WaveVR 下,成为其子物体(目前 Focus 仅支持右手手柄)。与 Environment 和 WaveVR 一样,确保其 Transform 组件已被重置。此时,按下播放按钮,可以看到手柄,如图 A-11 所示。

接下来,创建组成展台的两个箱子。现在,在起始位置的左边,已经有一个箱子可以使用。将它复制两次,并将新对象移出 Environment 对象,以使它们没有父对象,这将使它们更易于选择和移动。将一个重命名为 Lower Crate，另一个重命名为 Upper Crate。搭建箱子后的 hierarchy 视图如图 A-12 所示。

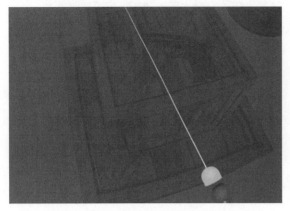

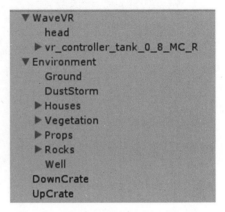

图 A-11　Unity 内的手柄、手枪与木箱　　　　　图 A-12　搭建箱子后的 hierarchy 视图

使用移动（W）、旋转（E）和缩放（R）工具将这些箱子位移到 Unity 内玩家的右手边并堆叠起来（见图 A-11）。下面的箱子应该在 WaveVR 的右边，而上面的箱子应该更小并且堆叠在上面。不要担心位移是否准确，只需要保证上层箱子的顶部舒适地放在手臂伸手可及的位置。

提示： 使用缩放工具，拖动白色立方体缩放所有轴。

---

2. 添加枪

现在可以开始制作手枪，右击 hierarchy 视图中的空白位置，然后单击 Create Empty，创建一个只有 Transform 组件的对象，将其命名为 Gun，并重置其 Transform，稍后再移动它。在接下来实验课程中将添加组件来充实该对象。

进入 Models 文件夹并找到名为 makarov 的对象，这是枪的 3D 模型，并将其拖到新创建的空对象 Gun 的下面，并重置其 Transform 组件。

父类是 Unity 中的一个概念，它允许用简单的对象构造复杂的对象，并将它们作为一个整体移动。在另一个对象下的父对象将具有相对于其父对象的所有变换值。这意味着当父对象移动、缩放或旋转时，其子对象将随之一起变化。

枪刚放入场景时比例过大，所以将它的每个轴缩放到 0.025，然后选择它的父类并移动它，使其位于上部箱子的顶部，如图 A-13 所示。

接下来给枪添加物理功能，这样如果想放弃游戏就可以扔掉枪。选中 Gun 后，进入 Inspector 视图并使用 Add Component 按钮，将 Box Collider 添加到对象中。枪的周围会出现一个绿色的盒子。

这个绿色盒子是一个 Collider 碰撞器。碰撞体在进行物理计算（如碰撞）时表示捕捉对象的边界，而在 Unity 中则是盒子、球体或胶囊。当然，一个盒子不能完美地捕捉像枪一样的复杂模型的边界，但它会适用于这种情况。

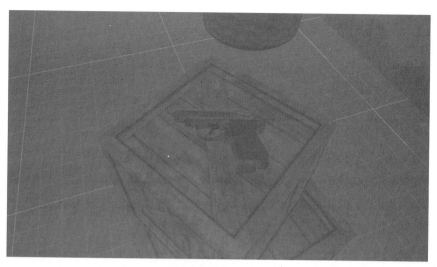

图 A-13　缩放后的手枪

　　刚创建的碰撞器的默认值大小并不是正确的大小，接下来调整其大小值，使 X = 0.03，Y = 0.15，Z = 0.2。调整后碰撞器的大小如图 A-14 所示。

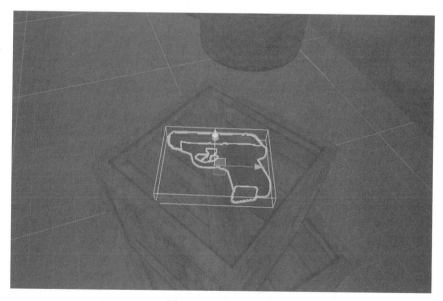

图 A-14　手枪的碰撞器

　　现在为 Gun 添加一个刚体 Rigidbody 组件。刚体定义为一个移动的物理对象。它告诉 Unity 如何在物理计算中使用像重量和阻力这样的变量来处理这个对象。请注意，如果没有碰撞器，对象就不能有刚体 Rigidbody 组件（因为 Unity 需要物理界限来执行物理计算）。

　　现在来测试一下枪是否是一个有效的物理对象。在 inspector 视图中稍微修改一下坐标位置来提起它，然后运行测试，运行测试后应该看到枪已经从原来的位置掉落到上面的木箱上，如图 A-15 所示。

图 A-15　手枪掉落在木箱上

A.2　枪械构建

在本次实验课上，我们将全身心地专注于枪械。在实验课的最后，应该能够捡起、扔掉枪支并用它开火，开火时也应该附加有合适的特效。

应该怎样和枪交互呢？如果拿着一个 Focus 手柄，会发现手柄上有数个按键，而主要的按键有两个——扳机键和圆盘键。

对于枪来说，希望它能完成以下功能。

（1）当手柄射线指到手枪的时候，按下圆盘之后将会捡起枪支。

（2）当捡起手枪后，手枪将不再是碰撞体并跟随着手柄。

（3）当捡起手枪后，可以通过按扳机键来用手枪开火。

（4）当再次按下圆盘键后，手枪会从手里滑落并重新成为一个具有物理性质的物体。

A.2.1　读取控制器输入

Focus 控制器上的按键，一般来说有按下和未按下两种状态。SDK 内的检测方法主要是通过检测按键的按下与弹起时间来返回一个 Bool 变量——即只要执行了该操作即返回真值，反之为假。而我们也将通过该方法来读取控制器上的按键响应。

现在开始创建第一个脚本。进入 Scripts 文件夹，右击其中的空白区域，选择 Create → C # Script，并将其命名为 Hand，并将其挂载在手柄组件上。完成上述操作后视图 Inspector 界面如图 A-16 所示。

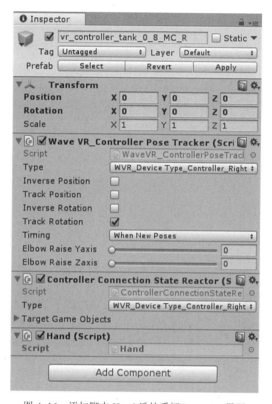

图 A-16　添加脚本 Hand 后的手柄 Inspector 界面

　　双击该文件以打开它（目前的编辑器主要是 Visual Studio 和自带的 MonoDevelop，这里用 Visual Studio 进行演示），创建 Hand 脚本，如图 A-17 所示。

图 A-17　创建 Hand 脚本

在 SDK 中，每个按键的命名都是非常长的，这对编写代码非常不友好，所以先将所有用到的按键监听进行简化，如图 A-18 所示。

```
public class Hand : MonoBehaviour {
    private WVR_DeviceType right = WVR_DeviceType.WVR_DeviceType_Controller_Right;
    private WVR_InputId Touchpad = WVR_InputId.WVR_InputId_Alias1_Touchpad;
    private WVR_InputId Bumper = WVR_InputId.WVR_InputId_Alias1_Bumper;
```

图 A-18　按键监听简化

按键监听语句是：

```
WaveVR_Controller.Input(DeviceType).GetPress(InputId)
```

先使用一个简单的例子来读取控制器的输入。在 Hand 脚本中的 Update 函数内编写语句，如图 A-19 所示。

```
// Update is called once per frame
void Update () {
    if (WaveVR_Controller.Input(right).GetPress(Touchpad))
    {
        Debug.Log("RayOn");
    }
}
```

图 A-19　获取按键监听

然后保存并运行脚本，按下鼠标右键（调试中的圆盘键），在 Console 界面下就会生成 RayOn，表明成功读取了圆盘键的按键输入，如图 A-20 所示。

```
# Scene    ▣ Console
Clear | Collapse | Clear on Play | Error Pause | Connected Play ▾        ①3 △0 ❶0
① WaveVR_PoseSimulator, mouse right button down                              1
   UnityEngine.Debug:Log(Object)
① RayOn                                                                      3
   UnityEngine.Debug:Log(Object)
① WaveVR_PoseSimulator, mouse right button up                               1
   UnityEngine.Debug:Log(Object)
```

图 A-20　按键监听成功

除了 GetPress 以外还有 GetPressDown（只监听按键按下的操作）、GetPressUp（只监听按键弹起的操作）等模式。本次实验主要采用 GetPressDown 的操作。

A.2.2　枪械的拾取

现在来实现第一个功能：拿起枪。在进行脚本编写前，要在 Hand 类中添加 3 个变量：Transform m_transform，它将存储的是手柄的位置信息；GameObject m_Gun，它将用来存储手枪物件；bool isHoldGun，它存储是否拿着枪的信息，开始的时候因为没拿着枪所以将其设置为 false，如图 A-21 所示。

```
private Transform m_transform;
private GameObject m_Gun;
private bool isHoldGun = false;
```

图 A-21　Hand 脚本添加变量

1. **枪械的检测**

下面回到我们的目标，我们希望手柄对准手枪按下圆盘键时能够拾取手枪。那么必须满足以下两个条件来拿起枪。

（1）手柄需要指着枪。

（2）必须按下圆盘键。

从第一个条件开始，用手柄指着枪这点看上去并不是程序需要实现的，只需要在游戏里用手柄对准手枪就行。但是并不是看上去那么简单，手柄并不知道它指的物体是什么，我们需要做的是"告诉"程序：手柄现在指着的东西是"枪"。那如何检测手柄指着的物体是枪？答案是射线检测。

还记得先前给枪支添加了一个碰撞器 Box Collider 吗？这就是射线检测的基础。Unity 中提供了射线检测的功能，很多接触过的远距离操作都是通过发射一条射线，在其击中物体的碰撞器后返回有关击中物体的数据。通过分析这些数据就可以得到当前射线路径上物体的信息。在本次实验中，将从手柄前端发射射线，并检测该射线击中的物体是否为枪支。

为了区分枪支与其他物体，在 Inspect 视图上给其新建一个 Gun 的标签并替换 Gun 物体的标签为 Gun，如图 A-22 所示。

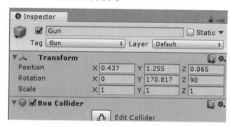

图 A-22　手枪设置并替换 Gun 标签

前置工作做完后，下面开始进行脚本的编写。在 Unity 生成的脚本内有 Start 和 Update 两个基本部分，前者在脚本开始执行时被调用一次，而后者则是在脚本执行时每帧调用一次。在 Start 函数内主要做脚本的初始化工作。

首先获取手柄的坐标信息，因为该脚本挂载在手柄上所以 this 指的就是手柄，再通过 GetComponent 函数获取其 Transform 信息并赋值给 m_transform。其次获取手枪这个物体，通过寻找 Hierarchy 视图中名字为 Gun 的物体，并赋值给 m_Gun，如图 A-23 所示。这样就完成了脚本的初始化过程，当然后续还会添加新的功能。

接着来看 Update 部分，在这部分里面将会完成射线的发射与检测。先创建一个新的函数 RayOn，在这里面编写有关射线检测的代码，然后在 Update 中调用该函数，如图 A-24 所示。

```
void Start () {
    m_transform = this.GetComponent<Transform>();
    m_Gun = GameObject.Find("Gun");
}
```

图 A-23　位置与手枪物体获取

```
// Update is called once per frame
void Update () {
    RayOn();    //射线检测
}

//射线检测
void RayOn()
{
```

图 A-24　创建射线检测方法

现在编写了整个射线检测的代码。因为需要获取射线击中物体的信息。首先通过 RaycastHit 定义了一个返回信息。然后在 RayOn 函数中定义射线的发射位置、方向和返回值，再将射线击中的物体的标签 tag 进行比对检测。如果为 Gun 则会在控制台输出 GunCollect，如图 A-25 所示。

```
// Update is called once per frame
void Update () {
    RayOn();      //射线检测
}

private RaycastHit hit;

//射线检测
void RayOn()
{
    if (Physics.Raycast(m_transform.position, m_transform.forward, out hit))
    {
        if (hit.collider.tag == "Gun")
        {
            Debug.Log("GunCollect");
        }
    }
}
```

图 A-25　填写射线检测方法

运行程序，控制手柄接触到手枪时，Console 界面会跳出 GunCollect 则说明运行成功，如图 A-26 所示。

图 A-26　测试射线检测成功

至此第一部分已经完成，程序已经能准确判断指向的物体是手枪。那么接下来要完成第二部分——按键的监听。

这部分其实在前一部分读取控制器的输入就已经介绍过了，现在对 Update 中的代码进行修改，如图 A-27 所示。

```
void Update () {
    if (WaveVR_Controller.Input(right).GetPressDown(Touchpad))
    {
        RayOn();      //射线检测
    }
}
```

图 A-27　为射线添加按键检测

这样就能在按下键的时候才会发射射线来检测物体是否为手枪。

2．枪械的拾取

上述步骤完成后，已经能够检测到手枪这个物件，接下来就要完成手枪的拾取。先创建一个 GunCollect 函数，并在射线检测函数 RayOn 中将先前的 Debug 语句更换为该函数。下面将在 GunCollect 函数中完成手枪的拾取，如图 A-28 所示。

```
//射线检测
void RayOn()
{
    if (Physics.Raycast(m_transform.position, m_transform.forward, out hit))
    {
        if (hit.collider.tag == "Gun")
        {
            GunCollect();
        }
    }
}

//枪械捡起
void GunCollect()
{
}
```

图 A-28　创建枪械捡起方法

在开始脚本编写之前，首先应思考一下需要完成什么工作？

（1）手枪会位移到手柄位置并匹配到合适位置，同时手柄变透明。

（2）手枪将不会再受到重力与外力的影响。

（3）告诉程序我们现在是持枪状态了。

针对这几个部分，需要设置枪械的位置偏移与旋转和手柄的渲染网格。枪械的位置偏移参数设置如图 A-29 所示。

```
private Vector3 GunHoldPos = new Vector3(0, -0.05f, 0);
private Vector3 GunHoldRot = new Vector3(0, 180, 0);
private MeshRenderer[] AllMesh;
```

图 A-29　设置枪械位置偏移参数

为了获取手柄上所有的渲染网格，需要在初始化中调用 GetComponentsInChildren 来获取手柄下所有子对象的渲染网格，但是手柄有一些特殊，它并不是直接被加载在场景里，需要利用 Invoke 函数延时 2s 再获取该渲染网格，保证获取到手柄下所有组件的渲染网格，如图 A-30 所示。

```
void Start () {
    m_transform = this.GetComponent<Transform>();
    m_Gun = GameObject.Find("Gun");
    Invoke("GetMesh", 2f);
}

void GetMesh()
{
    AllMesh = GetComponentsInChildren<MeshRenderer>();
}
```

图 A-30　获取手柄下所有组件的渲染网格

　　接着来完善 GunCollect 部分，首先需要将手枪作为手柄的子物体并按照上述设置的位移量和旋转量进行位置修改。localPosition、localEulerAngles 指的是物体相对于父物体的位置与旋转角的偏移量。

　　其次遍历手柄其他的渲染网格并将其设置为关闭状态。Mesh Render 组件负责物体的表面渲染，当关闭了该功能后，物体也就变得"透明"了，但这并不会影响其他组件的正常运作。

　　最后将手枪的物理属性关闭（关闭重力和外力防止其发生碰撞导致偏移），并将是否持枪的状态设置为真。枪械捡起设置如图 A-31 所示。

```
//枪械捡起
void GunCollect()
{
    m_Gun.transform.parent = m_transform;
    m_Gun.transform.localPosition = GunHoldPos;
    m_Gun.transform.localEulerAngles = GunHoldRot;
    foreach (MeshRenderer mesh in AllMesh)
    {
        mesh.enabled = false;
    }
    m_Gun.GetComponent<Rigidbody>().useGravity = false;
    m_Gun.GetComponent<Rigidbody>().isKinematic = true;
    isHoldGun = true;
}
```

图 A-31　完成枪械捡起设置

　　此时就完成了整个手枪的拾取过程。现在可以在 Unity 内调试该效果，也可以连上 Focus进行实际操作。

3. 枪械的丢弃检测

　　现在可以捡起手枪了，继续完成丢弃手枪的功能。和捡起手枪不同，丢弃手枪的要求可就宽松多了。

　　（1）必须手里拿着枪。

　　（2）必须再次按下圆盘键。

　　因为丢弃枪与捡起枪的按键一致，且希望能在任意时间读取按键操作所以也将扔枪部分写进 Update 函数内，并且只需要进行对先前的代码加上一个判断即可，即按下圆盘键后如果持枪则丢弃，不持枪则进行射线检测。枪械丢弃设置如图 A-32 所示。

```
void Update () {
    if (WaveVR_Controller.Input(right).GetPressDown(Touchpad))
    {
        if (isHoldGun)
            GunRelease();    //枪械丢弃
        else
            RayOn();    //射线检测
    }
}

//枪械丢弃
void GunRelease()
{
```

图 A-32　枪械丢弃设置

4．枪械的丢弃

完成了丢弃手枪的检测后，现在来实现丢弃手枪的操作。应该如何丢弃手枪？其实这就是捡起手枪所有操作的逆过程。

（1）手枪将不再是手柄的子物体，它的运动将不会再收到手柄的影响，同时手柄也将重新出现。

（2）手枪将重新获得其物理属性，能够被重力和外力所影响。

（3）告诉程序现在已经不是持枪状态了。

完成枪械丢弃设置如图 A-33 所示。

```
//枪械丢弃
void GunRelease()
{
    m_Gun.transform.parent = null;
    foreach (MeshRenderer mesh in AllMesh)
    {
        mesh.enabled = true;
    }
    m_Gun.GetComponent<Rigidbody>().useGravity = true;
    m_Gun.GetComponent<Rigidbody>().isKinematic = false;
    isHoldGun = false;
}
```

图 A-33　完成枪械丢弃设置

在图 A-33 中，首先将手枪的父物体设置为空，并将以前关闭的所有渲染网格开启，这样就完成了第一步操作；接着开启了重力和外力，这样枪械脱离手后也会正常掉落在地面或是其他具有碰撞器的物体上。

5．开火

终于来到了本次实验中最激动人心的地方：用手枪来开火射击。下面首先思考利用手枪开火需要满足的条件。

（1）必须是持枪状态。

（2）必须扣下扳机，但是按住扳机不放并不会持续射击。

我们会在 Hands 脚本中的 Update 函数里确认第一步，因此来看看第二步的实现，如图 A-34 所示。

通过 WaveVR_Controller.Input 来检测指定手柄控制器的输入，再通过 GetPressDown 来检测指定按键的输入，这样即便按住扳机键也只有按下那瞬间时该值为真。同时通过 &&(与操作)表明只有同时按下扳机且持枪才会触发开火事件。

接下来将完善开火函数 Fire，为了保证开火的真实性，在扣下扳机的同时需要能听到枪声、看到枪身的后座、枪口迸发出火光，这 3 个部分将需要运用到 Unity 内部 3 类功能。

6．声音

在 Unity 里，给枪械物件增加一个 AudioSource 组件，AudioSource 是 Unity 内播放音频的组件。关闭该组件中的 Play On Awake 组件（除非想要每次开始游戏的时候都听一遍这个音频）。接着将 Gunshot 添加到 AudioClip 一栏（可以从 Project 视图中拖入或者是单击右边的小圆圈添加）。添加 AudioSource 组件如图 A-35 所示。

```
// Update is called once per frame
void Update () {
    if (WaveVR_Controller.Input(right).GetPressDown(Touchpad))
    {
        if (isHoldGun)
            GunRelease();    //枪械丢弃
        else
            RayOn();         //射线检测
    }
    if (WaveVR_Controller.Input(right).GetPressDown(Bumper) && isHoldGun)
    {
        Fire();
    }
}

//开火
void Fire()
{

}
```

图 A-34　创建枪械开火方法

接下来创建 Gun.cs 脚本并挂载在 Gun 物体下，用来控制开火时的声音、动画、特效等。

首先创建 AudioSource 类型的变量，在 Start 函数中初始化该变量，将其值设为刚才创建的 AudioSource 组件，如图 A-36 所示。

❶ Inspector		
☑ Gun		□ Static ▼
Tag Gun	Layer	Default

▼ ⋏ **Transform**			
Position	X 0.437	Y 1.255	Z 0.065
Rotation	X 0	Y 170.817	Z 90
Scale	X 1	Y 1	Z 1

▶ ☑ **Box Collider**
▶ ⋏ **Rigidbody**
▼ ☑ **Audio Source**

AudioClip	Gunshot	○
Output	None (Audio Mixer Group)	○
Mute	☐	
Bypass Effects	☐	
Bypass Listener Effect	☐	
Bypass Reverb Zones	☐	
Play On Awake	☐	
Loop	☐	

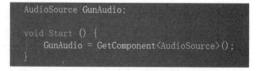

```
AudioSource GunAudio;

void Start () {
    GunAudio = GetComponent<AudioSource>();
}
```

图 A-35　添加 AudioSource 组件　　　　图 A-36　获取 AudioSource 组件

现在创建一个开火函数 Fire 来播放 AudioSource 的音频。在该函数中调用 PlayOneShot 来进行音频的播放。当然在 Unity 内还可以使用 Play 来播放音频，但是 Play 并不能同时播放多个音频，而 PlayOneShot 却可以在枪声播放完毕前再次开枪。

7. 动画

本门课程不涉及动画制作的细节部分，仅讲解有关本课程手枪开火的动画部分。

总体来看，Unity 的动画系统包含两个部分：Controller 和 Animation。

Animation 是一个展示特定物体随时间而改变状态的数据，它通常是通过 Unity 或者其他像 Maya 或 3ds Max 软件制作而成。

Controller 其实就是动画状态机，它包含一套动画播放的逻辑并基于可以被外部设定的参数来控制动画的播放。这些参数在 Controller 中被定义，并可以被外部的脚本所调用和修改。这也是本课程中修改动画系统的主要方式。

首先来看看 Animations 文件夹下的 GunController，双击将在 Animator 窗口下打开该 Controller，如图 A-37 所示。

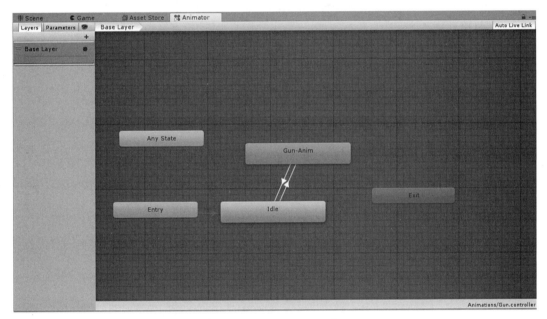

图 A-37　GunController 面板

可以看到该 Controller 中仅有两个自己设定的动画状态——Idle 和 Gun-Anim 并且如果单击 Idle 状态，将会看到它在 Inspect 视图中没有附加任何动画。然而，Gun-Anim 却包含动画。途中的 Entry 状态指向动画开始的状态。

接下来，看从 Idle 到 Gun-Anim 的箭头。这是一个过渡状态，告诉人们枪可能会从 Idle 状态转移到 Gun-Anim 状态。

在过渡状态的 Inspect 视图中，可以看到一个标有 Condition 的框。该部分列出了要进行动画转换时需要满足的所有参数要求。此框仅包含一个参数：Fire。可以通过单击窗口左侧的 Parameters 来查看所有被定义的参数。

Fire 参数旁边的空心圆表明参数 Fire 是触发器类型（Trigger）参数。当它被设置为真（通过脚本或其他方式）时，它将保持一帧的"真"值，然后自动再次将其自身设置为"假"。参数还有其他多种类型，例如 int、float 或 bool。

这意味着如果枪处于空闲状态，并且将 Fire 参数设置为 true，它将移动到 Gun-Anim 状态并开始播放存储在那里的动作（反冲动画）。

如果现在单击从 Gun-Anim 到 Idle 的箭头，会注意到没有列出任何条件。这是否意味着一旦进入 Gun-Anim，就会陷入无法返回的状态？事实并非如此，上面的复选框 Has Exit Time 告诉 Unity，当该状态的动作完成，它应该自动执行这个动画跳转。所以不需要其他条件就能返回到 Idle 状态。

现在把以前学的所有这些放在一起来看，枪开始处于 Idle 状态，当参数 Fire 设置为 true 时，它将转换到 Gun-Anim 状态并播放反冲动画。反冲动画完成后，它会自动回到 Idle 状态。

于是向 Gun 的子物体 makarov 添加一个 Animator 组件（见图 A-38），并将其控制器设置为 Gun（也可以将动画文件夹中的 Gun.controller 拖动到 Model 的检查器视图中）。Animator 必须在 makarov 上才能正常运作，因为这个动画控制器是基于该 3D 模型制作的。

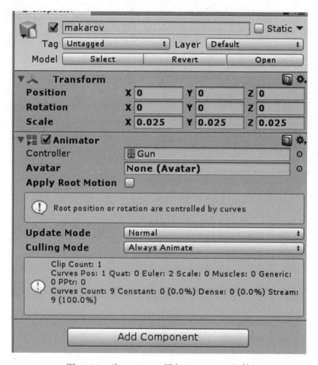

图 A-38　为 makarov 添加 Animator 组件

现在为了启动反冲动画，需要在 Animator 组件中设置 Fire 参数，可以在代码中执行该参数。现在编辑 Gun.cs. 首先创建一个私有变量来保存 Animator 并在 Start 函数中初始化它。由于动画构件在 Model 上，而不是 Gun，所以需要获得对 makarov 的引用。通过 transform.Find 函数在该物体下所有子物体中查找一个特定命名（makarov）的对象，如图 A-39 所示。

```
AudioSource GunAudio;
Animator GunAnim;

void Start () {
    GunAudio = GetComponent<AudioSource>();
    GunAnim = transform.Find("makarov").GetComponent<Animator>();
}
```

图 A-39 找到 makarov 并获取其 Animator 组件

然后在 Fire 函数中设置参数来触发动画。Unity 的 Animator 类对每个参数类型都有不同的设置功能。在这种情况下，使用 SetTrigger 设置一个触发器类型的参数，设置开火声音以及动画，如图 A-40 所示。

```
public void Fire()
{
    GunAudio.PlayOneShot(GunAudio.clip);
    GunAnim.SetTrigger("Fire");
}
```

图 A-40 设置开火声音以及动画

8. 特效

和动画一样，Unity 中自带可以制作和操作可视化特效的复杂系统，但这并不是本课程所讲解的内容。本课程仅讲解如何给枪械添加已有的特效。

在 Prefabs/Particle Systems 文件夹中有一个名为 MuzzleFlashEffect 的枪械开火的 VFX（Visual Effects 视觉效果），将它拖进场景并使之成为 Gun 的子物体。该特效已经被正确放置在枪管的前端（特效播放的位置），如果不慎移动了它，请按照如图 A-41 所示的方法重新调整其 Transform 组件。

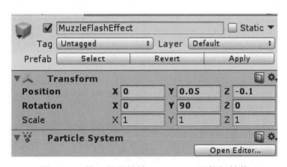

图 A-41 枪口粒子特效 Transform 组件初始值

那么剩下的工作就是在脚本里控制该特效的播放，转到 Gun.cs 的编辑。首先定义并初始化该粒子系统，如图 A-42 所示。

然后在 Fire 函数中播放该粒子系统，设置开火特效，如图 A-43 所示。这样就完成了整个枪械特效的添加。

```
void Start () {
    GunAudio = GetComponent<AudioSource>();
    GunAnim = transform.Find("makarov").GetComponent<Animator>();
    GunEffect = transform.Find("MuzzleFlashEffect").GetComponent<ParticleSystem>();
}
```

图 A-42　定义并初始化 ParticleSystem 组件

```
public void Fire()
{
    GunAudio.PlayOneShot(GunAudio.clip);
    GunAnim.SetTrigger("Fire");
    GunEffect.Play();
}
```

图 A-43　设置开火特效

A.2.3　工程整合

现在会发现 Gun.cs 和 Hand.cs 之间并没有联系，开火声音、动画、特效全部由 Gun.cs 控制，所有要在 Hand 中调用 Gun.cs 的 Fire 函数。

首先定义一个类型为 Gun 的变量 gunFire 并在 Start 函数中初始化，如图 A-44 所示。

```
private Gun gunFire;

// Use this for initialization
void Start () {
    m_transform = this.GetComponent<Transform>();
    m_Gun = GameObject.Find("Gun");
    AllMesh = GetComponentsInChildren<MeshRenderer>();
    gunFire = m_Gun.GetComponent<Gun>();
}
```

图 A-44　获取枪械脚本 Gun.cs

这样就可以在 Hand.cs 中调用 Gun.cs 的 Fire 函数了，如图 A-45 所示。

```
//开火
void Fire()
{
    gunFire.Fire();    //开火声音、动画、特效
}
```

图 A-45　调用 Gun.cs 的 Fire 函数

到现在为止，第二部分也结束了，现在可以捡起枪械并丢弃它，同时也可以用它来进行开火，开火时会有枪身、后坐动画以及枪口火焰特效。

A.3　怪兽（敌人）构建

在本节课程中主要专注于怪物的构建。在开始之前，先列举所有怪兽会执行的动作。

（1）在规避障碍物的同时向玩家靠近。

（2）当与玩家足够接近的时候将会对玩家进行攻击。

（3）被射击后死亡，并在死亡一段时间后消失。

（4）用合适的动画和音效匹配上述所有行动。

A.3.1　怪兽预制体

打开 Lab 场景，在 Assets 文件夹下的 prefabs 文件夹中找到怪物的预制体。如图 A-46 所示，把它拖曳进场景并将其转而朝向玩家。

图 A-46　怪物预制体一览

怪物的组件有两个子物体：mesh_1 和 hips。mesh_1 包含渲染网格，这提供了怪物的外形（我们所能看到的一切），但是实际的网格本身是存在于 hips 内部的树状结构中，它包含了所有怪物的骨骼位置（这也被称为 rig）。

A.3.2　创建导航网格

当路径上存在障碍物时，怪物的移动成为一个非常具有迷惑性的任务挑战。当然有很多的绕行方案可以采取，幸运的是 Unity 中已经有一个可以直接利用的导航方案。

现在来创建一个所谓的导航网格。导航网格就是一张现在场景的地图，用以引导人物（导航代理）来到环境中进行漫游。通过提前创建导航网格，人物（导航代理）就不需要在游戏运行的时候重复计算它能否到达某个地点。

在开始的时候必须标注场景中怪物需要漫游的部分。选择 Environment 物件，并且在 Inspector 界面中右上角的 Static 内选中 Navigation Static，并同意改变所有 Environment 下的所有子物体。同时为了导航网格的烘焙，也将不再对 Environment 及其子物体进行修改。

接下来打开导航窗口，在 Window → Navigation 中单击选中 Bake 栏，如图 A-47 所示。在这一栏中将为后续使用烘焙整个环境。导航网格就是为了导航代理能遍历所有可能到达点所建立的。正如可以看到 Baked Agent Size 部分。Unity 一般用一个有着确定半径和高度的圆柱来代替导航代理。

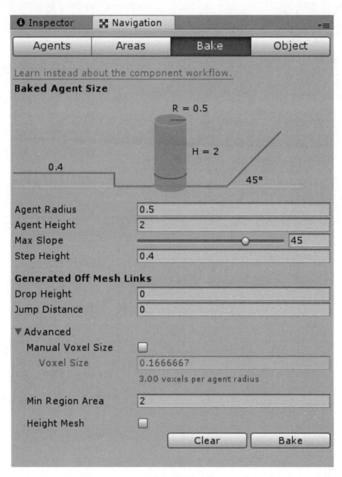

图 A-47　Navigation 视图下的 Bake 窗口

在这些选项中只改变其中的一个参数：将 Agent Radius 设置成 0.4 来适配怪兽模型。然后单击 Bake 按钮，需要等到地图被导航网格覆盖（这代表了地图所有可以漫游的部分），如图 A-48 所示。

图 A-48 场景经过烘焙后显示导航网格

A.3.3 怪兽移动

我们已经创建了一个导航网格。现在将怪兽变为一个导航代理,这样它就可以在环境中漫游追踪了。在 Inspector 视图面板中添加一个 Nav Mesh Agent 组件给怪兽。这个组件将会受到导航网格的影响,使得任何带有该组件的物体能够在环境中智能移动。

将 Speed 调节至 0.75(如果不希望看到怪物向你狂奔而来)并且将 Stopping Distance 调节至 1.3。这表明一旦怪物离目标距离达到该数值时,它将停止移动——这在后续合并攻击行为上会非常有帮助。接下来用 Humanoid agent 类型,前往 navigation 窗口下的 Agents 栏,并将其半径修改为 0.4 来匹配导航网格设置的半径。

接下来创建一个新的脚本 Monster,通过该脚本控制怪物的所有功能。注意,为了调用 NavMeshAgent 类是需要导入 UnityEngine.AI,如图 A-49 所示,需要在 Monster 中获取其 NavMeshAgent 组件。

```csharp
using System.Collections;
using System.Collections.Generic;
using UnityEngine;
using UnityEngine.AI;

public class Monster : MonoBehaviour {

    public GameObject player;
    private NavMeshAgent navMeshAgent;

    // Use this for initialization
    void Start () {
        navMeshAgent = GetComponent<NavMeshAgent>();
        player = GameObject.FindGameObjectWithTag("Player");
    }
}
```

图 A-49 在 Monster 中获取 NavMeshAgent 组件

因为是以 Tag 来获取玩家的物体，所以需要给玩家添加一个 Player 的 Tag，在 Hierarchy 视图中选中 WaveVR 并在 Inspector 视图中将其 Tag 替换为 Player，如图 A-50 所示。

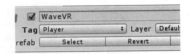

图 A-50　为 WaveVR 替换 Player 的 Tag

然后让怪物动起来，所需要做的就是在 Update 中添加一行语句，如图 A-51 所示。该条语句的主要功能就是不断地更新怪物的追踪目标——玩家的具体位置。

```
// Update is called once per frame
void Update () {
    navMeshAgent.SetDestination(player.transform.position);
}
```

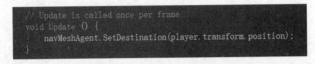

图 A-51　更新怪物目标的语句

在 Unity 中将该脚本拖曳设置成怪物的组件。单击运行，就能看到怪物缓慢地向玩家移动靠近，移动到一定的距离后就会停止。此时会发现怪物的运动方式是平移滑动，这看上去太奇怪了，因此要为它添加动画。首先给怪物添加 Animator 组件，接着将预先制作好的 Animator（位于 Assets → Animations → Monster）将其拖进该栏，或者通过单击右边的小圆圈添加，如图 A-52 所示。

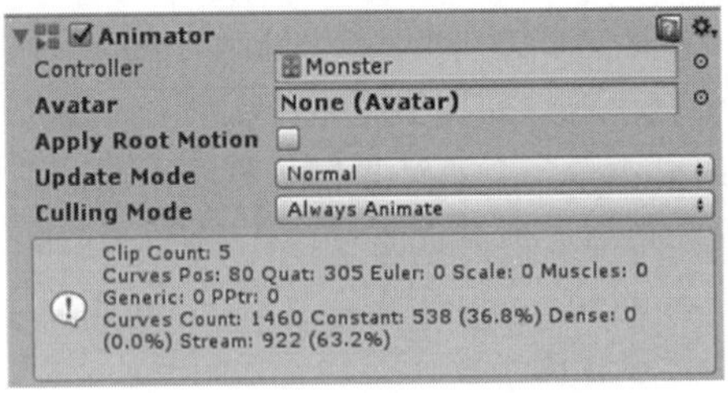

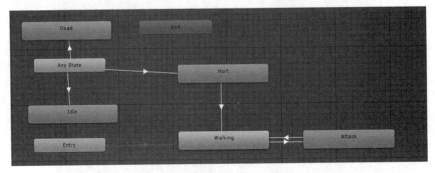

图 A-52　为 Monster 添加 Animator 组件和对应的控制器

现在来看看怪物的动画控制器，打开 Animator 窗口，如图 A-53 所示。它比之前的枪械控制器要更为复杂一些。可以看到物件被激活后的第一个动作就是 Walking。如果此时运行程序，会看到怪物笨拙地向玩家一步步走过来。

图 A-53　怪物的 Animator 面板窗口

在继续设定其他动画之前，先给怪物添加音效，添加 AudioSource 组件，如图 A-54 所示，并取消选中 Play On Awake，接着修改 Monster.cs 脚本。

```csharp
public GameObject player;
private NavMeshAgent navMeshAgent;
private AudioSource audioSource;

public AudioClip spawnClip;
public AudioClip hitClip;
public AudioClip dieClip;

// Use this for initialization
void Start () {
    navMeshAgent = GetComponent<NavMeshAgent>();
    player = GameObject.FindGameObjectWithTag("Player");
    audioSource = GetComponent<AudioSource>();
    audioSource.PlayOneShot(spawnClip);
}
```

图 A-54　获取怪物的 AudioSource 组件

添加了 3 个 AudioClip，一个 AudioSource，并在开始运行时播放了 spawnClip 音效（怪物产生的时候播放诞生的音效）。在 Inspector 中分别将 Assets → Sounds 下的 grrr1、hit1、die 拖给 spawnClip、hitClip、dieClip。

A.3.4　攻击玩家

接下来要做的事就是让怪物与玩家的距离达到一个范围后开始攻击玩家。现在回顾一下怪物的 Animator，可以看到从 Walking 跳转到 Attack 的转换条件是 Attack 这个 bool 参数为真的时候。因此，要在 Monster 脚本中完成该操作。

首先需要设定一个怪物的攻击范围（还记得以前设置过一个 StopDistance 吗），创建一个固定的攻击范围 attackRange 并设置为 1.3，然后定义并初始化 Animator 组件，如图 A-55 所示。

```csharp
private Vector3 distanceVector;
private float distance;
private float attackRange = 1.3f;
// Use this for initialization
void Start () {
    navMeshAgent = GetComponent<NavMeshAgent>();
    player = GameObject.FindGameObjectWithTag("Player");
    audioSource = GetComponent<AudioSource>();
    audioSource.PlayOneShot(spawnClip);
    animator = GetComponent<Animator>();
}
```

图 A-55　初始化怪物的 Animator 组件

然后在 Update 函数中计算怪物与玩家之间的距离（只是在水平面上的距离）。如果判断该物体在设定的范围内，就将 Animator 中的 Attack 参数调为 true，如图 A-56 所示。

```
void Update () {
    navMeshAgent.SetDestination(player.transform.position);
    distanceVector = transform.position - player.transform.position;
    distanceVector.y = 0f;
    distance = distanceVector.magnitude;
    if (distance <= attackRange)
    {
        animator.SetBool("Attack", true);
    }
}
```

图 A-56　判断玩家距离并设置 Animator 控制器参数

当再次运行程序的时候，会发现怪物走近玩家后会进行攻击动作，但是也会出现另一个问题：程序报错，如图 A-57 所示。

! 'Monster' AnimationEvent 'Attack' has no receiver! Are you missing a component?

图 A-57　Animation 中丢失 AnimationEvent 报错

这个问题其实是在制作攻击动画的 Animation 时插入了一个读取函数的指令，Unity 允许在动画播放的某个时间点执行某个动画事件。攻击动画在播放到怪物锤击时会寻找一个 Attack 的函数，因为现在还没有这个函数，所以产生了错误。所以现在添加一个 Attack 函数，在这个函数里播放攻击的音效，如图 A-58 所示。

```
public void Attack()
{
    audioSource.PlayOneShot(hitClip);
}
```

图 A-58　为 Monster 脚本创建一个 Attack 函数

A.3.5　射杀怪物

现在怪物已经可以攻击玩家了，但是玩家并没有反击回去的能力。首先来看看实现整个射击怪物的过程需要执行的步骤。

（1）玩家使用手枪射击，在枪口处产生了一条看不见的弹道射线。

（2）该弹道射线如果射击到怪物，将会调用有关受击的函数处理。

（3）怪物受击后会播放受击动画，同时受到伤害。

（4）如果怪物生命值降低到 0 及以下时，它就会死亡。

就此将该部分分为射击、伤害和击杀 3 个部分来进行制作。

1. 射击怪物

首先给怪物添加一个胶囊碰撞体，将其半径设为 1、高度设为 3、中心点设为 1.5，勾选 Is Trigger 选项（这样它就不会和环境产生碰撞），且该胶囊体需要将整个怪物包括在内，如图 A-59 所示。

接下来将要修改 Hand.cs 脚本。以前设计了一条射线用来拾取枪支，当实现捡起枪支后这条射线就没有再使用了，捡起枪后将其设计成弹道射线。在 Fire 函数内添加射线发射函数 RayOn，如图 A-60 所示。这样扣动扳机键开火的时候也会发射射线检测。

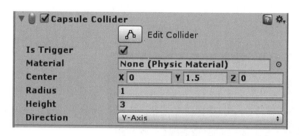

图 A-59　为怪物添加胶囊碰撞体

图 A-60　在 Hand 脚本的 Fire 函数中添加 RayOn

然后在 RayOn 函数中修改射线判定，检测击中的物体的 Collider 的 tag 是否为 Monster，同时，因为现在无论是否持枪都会调用 RayOn 函数，所以需要对两种检测方式单独进行标签检测，判定是否持枪，如图 A-61 所示。

图 A-61　对 RayOn 内的射线方法进行标签检测

再次运行程序，捡起枪械向怪兽开枪后，测试 RayOn 如图 A-62 所示，可以看到击中了怪物。至此，完成了向怪物射击并检测到怪物的整个过程。

图 A-62　测试 RayOn 方法

2. 造成伤害

在完善伤害系统之前，先做一些更细节的工作——设计怪物在游戏中的状态，怪物在本游戏中主要会有以下 3 种状态。

（1）存活。在该状态下，怪物会向你袭来。

（2）死亡。在该状态下，怪物已经承受了足量的伤害，此时它将播放死亡动画，且不再追踪或是攻击玩家，同样也不再承受伤害。

（3）消失。在该状态下，怪物已经播放完毕死亡动画，且尸体慢慢下沉至地下直到消失。

为了完成这部分的脚本制作，会运用到 C# 中的枚举（enum），系统在 Monster.cs 脚本中列举所有可能的状态并设置一个变量来追踪当前的状态，如图 A-63 所示。

```
public enum MonsterState
{
    ALIVE,
    DYING,
    SINKING
}

public MonsterState monsterState = MonsterState.ALIVE;
```

图 A-63　设置怪物的当前属性

同时怪物的所有的动作只能在存活的状态下执行，基于此修改 Update 中的函数如图 A-64 所示。

```
void Update () {
    if (monsterState == MonsterState.ALIVE)
    {
        navMeshAgent.SetDestination(player.transform.position);
        distanceVector = transform.position - player.transform.position;
        distanceVector.y = 0f;
        distance = distanceVector.magnitude;
        if (distance <= attackRange)
        {
            animator.SetBool("Attack", true);
        }
    }
}
```

图 A-64　在 Update 函数中设置存活状态判断

接下来设置怪物的血量与伤害系统，设置最大生命量为 100，在怪物创建之初将其当前生命量等同于最大生命量，如图 A-65 所示。

接下来在该脚本内新建一个 Hurt 函数，该函数接收一个 Int 定义的参数作为受到伤害的数值，如图 A-66 所示。

```
public int maxHealth = 100;
private int currentHealth;

void Start () {
    currentHealth = maxHealth;
```

图 A-65　设置怪物的生命值属性

```
public void Hurt(int damage)
{
    Debug.Log("Monster gets " + damage + "damage!");
}
```

图 A-66　创建怪物的受伤方法 Hurt

接下来就需要回到 Hand.cs 脚本中，设置一个手枪伤害系数 gunDamage，如图 A-67 所示。

```
private int gunDamage = 50;
```

图 A-67　设置手枪伤害系数 gunDamage

在 RayOn 函数中通过射线来获取 Monster 组件并调用 Monster.cs 中的 Hurt 函数来给怪物造成该伤害，如图 A-68 所示。

```
else if (hit.collider.tag == "Monster" && isHoldGun)
{
    Monster monster = hit.collider.GetComponent<Monster>();
    monster.Hurt(gunDamage);
}
```

图 A-68　持枪状态下对怪物造成伤害

接下来运行程序，可以看到怪物收到了 50 点伤害，这和设置的 gunDamage 一致，如图 A-69 所示。

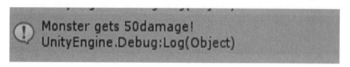

图 A-69　运行测试怪物受到伤害

回到 Monster.cs 中补全受伤函数 Hurt 内的内容。怪物只有在存活状态下才会受到伤害，受到伤害后会播放受击动画，同时削减当前生命值，如果生命值不大于 0 时死亡，如图 A-70 所示。

```
public void Hurt(int damage)
{
    if (monsterState == MonsterState.ALIVE)
    {
        animator.SetTrigger("Hurt");
        currentHealth -= damage;
        if (currentHealth <= 0)
        {
            Die();
        }
    }
}

public void Die()
{
    Debug.Log("Monster is Dead!");
}
```

图 A-70　创建怪物的死亡方法 Die

现在运行程序，对怪物连开两枪，可以观察到怪物被击中后会播放受击动画，且会输出怪物死亡的信息（但是怪物还在移动和攻击），如图 A-71 所示。

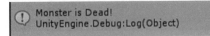

图 A-71　测试怪物的死亡方法

3. 怪兽死亡

接下来补全 Die 函数中的所有功能，如图 A-72 所示。怪物死亡将需要按下述进行修改。

（1）进行状态的跳转。

（2）播放死亡音效。

（3）停止所有导航和攻击动作。

（4）设置动画播放。

```
public void Die()
{
    monsterState = MonsterState.DYING;
    audioSource.PlayOneShot(dieClip);
    navMeshAgent.isStopped = true;
    animator.SetTrigger("Dead");
}
```

图 A-72　完成怪物的死亡方法

如果现在运行程序，会发现击杀怪物后有提示错误，如图 A-73 所示。

'Monster' AnimationEvent 'StartSinking' has no receiver! Are you missing a component?

图 A-73　怪物死亡 Animation 中丢失 AnimationEvent 报错

这个问题之前在 Attack 动画里见过一次了，也就是死亡动画的结束部分会调用一个名为 StartSinking 的函数。而这个脚本的主要功能就是让尸体消失（不会想看到一地的怪物尸体吧，而且尸体的堆积会影响到游戏的性能）。现在通过这个动画事件来使得死亡的怪物在地板上下沉、消失。

那么在 StartSinking 函数内需要做些什么工作呢？如图 A-74 所示。

```
public void StartSinking()
{
    monsterState = MonsterState.SINKING;
    navMeshAgent.enabled = false;
    Destroy(gameObject, 5f);
}
```

图 A-74　为 Monster 添加 StartSinking 方法

（1）更改怪物的状态为 SINKING。

（2）关闭导航组件（这步和死亡时不同）。因为 NavMeshAgent 组件重写了移动控制的方式，这会影响对尸体的位置更改。所以为了保证脚本能够让怪物沉入地底必须先关闭导航组件。

（3）当怪物完全沉入地底后删除怪物这个物体。这步操作主要通过延时操作来完成，当然需要设置一个合适的时间——这样怪物不会在还没有完全沉没之前就消失，也不会一直在地底里下沉。

我们设定了 5 秒后摧毁怪物物体，当击杀怪物后 5 秒就会发现怪物尸体就消失了。接下来就来完成下沉这个部分。首先先定义两个 float 类型的变量——用于表示下沉速度和下沉距离，如图 A-75 所示。

```
public float sinkSpeed = 0.15f;
public float sinkDistance;
```

图 A-75　设置怪物的下沉速度和距离

然后在 Update 函数内判断当前状态是否为 SINKING，接下来在每帧更新当前的下沉距离并移动（下沉）到该位置，如图 A-76 所示。

```
else if (monsterState == MonsterState.SINKING)
{
    sinkDistance = sinkSpeed * Time.deltaTime;
    transform.Translate(new Vector3(0, -sinkDistance, 0));
}
```

图 A-76　判断怪物是否应该执行下沉

至此完成了整个怪物的行动，在本门课程的最后来回顾所做的工作。

（1）怪物生成的时候会有一个诞生音效，并且会向玩家袭来。

（2）当怪物与玩家距离达到某个临界值时，怪物停止移动并开始攻击玩家。

（3）被玩家开枪打中后会有一个受伤动画。

（4）怪物受到了足量的伤害后会死亡，死亡后的尸体会缓慢下沉至地底，最终消失。

A.4　功能组合

在本课程的最后一个部分，将之前所有所学和创建的组件整合起来组合成一个完整的程序，同时也会关注以前的课程中没有涉及的问题。

想象一下整个游戏的流程，从始至终所会发生的事件如下。

（1）玩家带上头盔，拿起手枪——已经完成。

（2）怪物从预先设置的位置周期性地产生，并且向玩家袭来——完成了后者而未完成前者。

（3）玩家可以射击并杀死怪物——已经完成。

（4）怪兽接近玩家后会进行攻击，并对玩家造成伤害——已经完成了前者而未完成后者。

（5）一旦失去了所有的生命值，游戏就会重新开始——未完成。

A.4.1 产生怪物

在开始之前，需要更新怪物预制体——这样就能生成现在场景内具有多个组件的怪兽而不只是一个模型。选中怪物物体，然后在 Inspector 视图中单击 Apply 来完成该步骤，如图 A-77 所示。

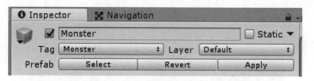

图 A-77 更新怪物预制体

完成了上述步骤后，就可以将场景中的怪物移除——否则在游戏开始时就被怪物击杀。

接下来，新建一个名为 SpawnManager 的脚本，定义一些公众变量，如图 A-78 所示，该脚本主要管理怪物的生成。

```
public class SpawnManager : MonoBehaviour {
    public Transform[] spawnLocation;
    private Transform spawn;
    public float spawnTime;
    public GameObject monsterPrefab;
    // Use this for initialization
```

图 A-78 创建怪物生成的管理脚本 SpawnManager

上述参数分别代表了怪物的生成点组、怪物生成的位置、怪物的生成时间、生成的怪物组件。继续定义一个 Spawn 函数，用于管理怪物生成，如图 A-79 所示。

```
public void Spawn()
{
    spawn = spawnLocation[Random.Range(0, spawnLocation.Length)];
    GameObject monster = Instantiate(monsterPrefab, spawn.position, spawn.rotation);
}
```

图 A-79 创建生成怪物方法 Spawn

在该函数中，通过 Random.Range(x,y)，可以返回一个 x 到 y 之间的一个随机数（浮点数包含 x 和 y，整形只包含 x），这样设置怪物的生成点为预先设置好一组位置中的一个，怪物就不会只从一个位置上生成。

如果需要每过一段时间重复调用该函数，那么就设计一个计时器来进行延时操作。计时器的设计方法很多，游戏难度会随着时间而增加——即怪兽生成的速度也会越来越快，如图 A-80 所示。

```
private float timer = 0f;
private float upgradeTime;
// Use this for initialization
void Start () {
    InvokeRepeating("Upgrade", upgradeTime, upgradeTime);
}

// Update is called once per frame
void Update () {
    timer += Time.deltaTime;
    if (timer >= spawnTime)
    {
        Spawn();
        timer = 0f;
    }
}
```

图 A-80　每隔一段时间为游戏增加难度

首先定义一个计时器和难度升级时间，在 Update 函数内通过 Time.deltaTime 随着游戏进行给计时器增加时间，当它大于设定的怪物生成时间就执行 Spawn 函数生成怪物并清零该计时器。

接着，在 Start 函数里面使用了 InvokeRepeating 函数，该函数有 3 个参数。

（1）延时执行的函数名。

（2）第一次延时的时间。

（3）接下来延时的时间。

通过该函数每经过设定的 upgradeTime 就会调用 Upgrade 函数，接下来创建 Upgrade 函数，如图 A-81 所示。

设定每次难度升级后，怪物的生成时间缩短为当前的 0.9 倍——这样怪兽的生成速度会越来越快，但永远不会成为一个小于零的数。

```
void Upgrade()
{
    spawnTime *= 0.9f;
}
```

图 A-81　设置生成间隔缩减系数

最后在 Start 函数里补齐设定的参数，设定怪物生成时间 spawnTime 为 4s，难度升级时间 upgradeTime 为 10s，如图 A-82 所示。

```
void Start () {
    spawnTime = 4f;
    upgradeTime = 10f;
    InvokeRepeating("Upgrade", upgradeTime, upgradeTime);
}
```

图 A-82　初始化怪物生成时间以及难度升级时间

完成该部分后，回到 Unity 界面，在 Hierarchy 视图中创建一个空物体，命名为 SpawnLocation，代表怪物生成的地点组。接着在其下创建 3 个空物体作为其子物体，并命名为 Location1、Location2 和 Location3，并将这 3 个空物体摆放在场景中作为怪物的生成点（不要放置在离玩家过近的位置），如图 A-83 所示。

最后，添加 SpawnManager 组件，设置 Size 为 3 并将其 3 个子物体 Location 拖入。再将 Asset-Prefabs 中的 Monster 组件拖入 Monster Prefab 中完成配置，如图 A-84 所示。

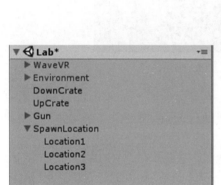

图 A-83　创建并设置 3 个怪物生成点　　　图 A-84　在 SpawnManager 上设置 3 个生成点

上述操作完成后运行程序，可以看到每过一段时间就有怪物生成，随着时间变长怪物生成数量也越来越多。

A.4.2　玩家生命管理

现在创建一个脚本 Player 来管理玩家特定的逻辑，该脚本将作为组件附加在玩家物件上。和怪物的管理逻辑类似，首先通过枚举（enum）界定玩家的状态（存活或是死亡），同样也设置玩家的生命值属性，如图 A-85 所示。

```
public enum PlayerState
{
    ALIVE,
    DEATH
}
public PlayerState playerState = PlayerState.ALIVE;
```

图 A-85　设置玩家的状态

之前对怪兽的生命处理是通过手枪获取怪物组件中 Monster.cs 中的 Hurt 函数来对怪物造成伤害。现在使用另一种方法——通过在 Monster 脚本中直接改变 Player.cs 中的生命值来对玩家造成伤害。

下面定义一个 PlayerHealth 函数，该函数可以被读取和修改。读取时返回脚本中 health 参数，每当该值被修改后，就会检测玩家是否存活，如果存活但生命值已经下降至 0 或是更低时触发 Die 函数，执行玩家的死亡操作。在 Start 函数中将玩家的 health 参数的值设置为 100，如图 A-86 所示。

在 Die 函数中需要将玩家的状态设置为死亡状态，这样玩家就不会再受到伤害，并在控制台输出死亡信息，如图 A-87 所示。

```
public int PlayerHealth
{
    get { return health; }
    set
    {
        this.health = value;
        if (playerState == PlayerState.ALIVE)
        {
            if (health <= 0)
            {
                Die();
                return;
            }
        }
    }
}
private int health;

// Use this for initialization
void Start () {
    health = 100;
}
```

图 A-86　设置玩家生命值 PlayerHealth

```
void Die()
{
    playerState = PlayerState.DEATH;
    Debug.Log("You Are Dead!");
}
```

图 A-87　创建并设置玩家的死亡方法 Die

现在玩家已经可以受到伤害并会因此死亡，现在就给怪物添加攻击伤害的部分。编辑 Monster.cs 脚本，首先定义一个 Player 类型的变量 playerScripts，并在 Start 函数中获取绑定在玩家物体上的 Player 组件来初始化它，如图 A-88 所示。

```
public float sinkDistance;
Player playerScript;

void Start () {
    currentHealth = maxHealth;
    navMeshAgent = GetComponent<NavMeshAgent>();
    player = GameObject.FindGameObjectWithTag("Player");
    playerScript = player.GetComponent<Player>();
    audioSource = GetComponent<AudioSource>();
    audioSource.PlayOneShot(spawnClip);
    animator = GetComponent<Animator>();
}
```

图 A-88　获取玩家所需要的所有组件并初始化

接下来在怪物的攻击函数 Attack 中添加伤害功能，定义怪物的伤害为 attackDamage，其值设为 20，如图 A-89 所示。

```
int attactDamage = 20;
public void Attack()
{
    audioSource.PlayOneShot(hitClip);
    playerScript.PlayerHealth -= attactDamage;
}
```

图 A-89　设置怪物的攻击伤害值

这样通过修改 PlayerHealth 的值就能对玩家造成伤害。现在运行游戏，玩家一旦受到 5 次怪物的攻击后控制台就会输出死亡的信息。

人们希望玩家死亡后会有新的游戏变化，现在给出一种最简单的模式——玩家死亡后重新开始游戏。首先需要引用 UnityEngine.SceneManagement，如图 A-90 所示。

```
using System.Collections;
using System.Collections.Generic;
using UnityEngine;
using UnityEngine.SceneManagement;
```

图 A-90　引用命名空间 UnityEngine.SceneManagement

该命名空间下可以调用多个有关场景管理的函数，主要使用场景读取函数 LoadScene，LoadScene(0) 代表的是读取编号为 0 的场景，如图 A-91 所示。在 File-BuildSetting 中可以看到自己的场景编号（如果只有一个场景则固定为 0，多个场景则依次排序）。

```
void Die()
{
    playerState = PlayerState.DEATH;
    SceneManager.LoadScene(0);
}
```

图 A-91　读取使用场景的 LoadScene 函数

至此整个项目就已经制作完成了。玩家受到 5 次攻击后，游戏就会自动重新开始游戏。

A.5　文件输出

完成上述操作后，如果要输出成 ViveFocus 可执行 APK 程序，需要完成 Unity 的安卓开发环境配置（本教程中不提供该部分内容，只提供对应配置文件及参考教程。链接：https://pan.baidu.com/s/1uRiTGhIFvnW-dwHxCyeorQ　密码：pygd）。

完成安卓开发环境配置后，在 File → BuildSetting 中单击 PlayerSettings，在视图中修改 CompanyName 和 ProductName（见图 A-92），以及 OtherSettings 中的 Package Name（见图 A-93）。修改完成后即可在 BuildSetting 中单击 Build 生成 APK。

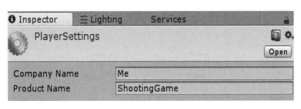

图 A-92　输出时的 CompanyName 和 ProductName 参数修改

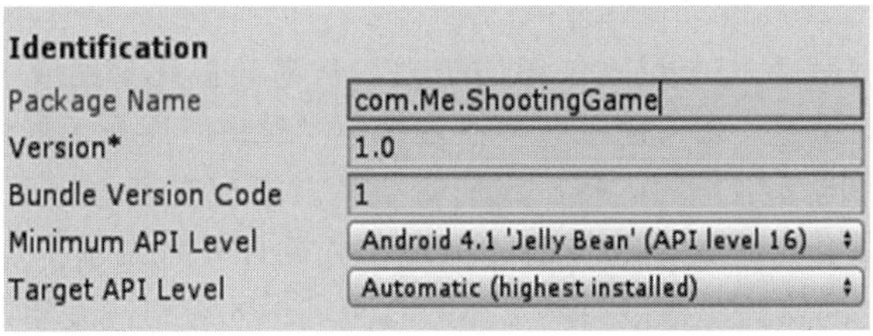

图 A-93　输出时的 Package Name 参数修改

A.6　写在最后

　　恭喜！现在已经为 VIVE Focus 创建了一个完全实现的游戏。当然，游戏中还有很多东西可以添加和改进，例如场景 UI 的添加、怪物受伤的粒子特效或是多人的协作游戏等。希望通过这个实验课程能够给大家提供足够的知识和熟悉 Unity / WaveVR，以此来启动个人的 VR 项目。

　　最后感谢加州大学伯克利分校虚拟现实学生社团所制作的 Decal Class 课程项目和北京航空航天大学虚拟现实学生社团的翻译移植工作。

后　记

　　自 2018 年 1 月以来，我们历经近一年的努力，几易其稿终于完成了此书的写作工作，虚拟现实（VR）技术方兴未艾，对于时下想要在虚拟现实领域一展身手的读者来说，最大的阻力莫过于对"虚拟现实"四个字一知半解。我们希望从虚拟现实概念的演化以及技术发展脉络，通过介绍众多实际案例让读者认识到当前虚拟现实软硬件技术发展情况以及虚拟现实应用的发展现状，并且用一定的篇幅介绍虚拟现实在教育领域中的应用，展望虚拟现实行业的发展前景。希望读者通过本书对虚拟现实有一个全面的了解。

　　在本书的写作过程中，我们得到了教育领域的资深学者及权威专家的鼎力支持，特别感谢虚拟现实技术与系统国家重点实验室主任、中国工程院赵沁平院士，北京航空航天大学副校长、中国科学院房建成院士，中国科学院郑志明院士和中国工程院倪光南院士等专家对本书的撰写提供了许多建设性的修改意见和建议。在此也感谢加州大学伯克利分校虚拟现实学生社团为本书提供了 Decal Class VR 实践项目以及北航虚拟现实学生社团邓元俊同学对 VR 实践项目的翻译移植工作。最后要感谢王肇一、宣松辰、张轩铭、王源培、魏梦霞、张弛等同学在撰写过程中提供的支持和帮助。

　　尽管我们反复推敲全书的整体框架，利用各种机会向国内外的专家、教授、学者请教交流，但由于知识和经验有限，不足之处仍在所难免，我们恳请使用本书的教师与同学及其他读者不吝指正。

　　威爱教育专注研究虚拟现实技术在教育领域中的深度应用，旨在为全国各大高校及科研单位提供虚拟现实教育解决方案，由威爱教育策划出版的虚拟现实系列科技图书包含《虚拟现实：理论、技术、开发与应用》《虚拟现实：程序开发与应用》《虚拟现实：模型设计与制作》《虚拟现实：全景拍摄与剪辑》等，后续威爱教育将与致力于虚拟现实在教育领域应用的有识之士继续完成虚拟现实系列科技图书的出版，以飨读者。

编者

2019 年 1 月